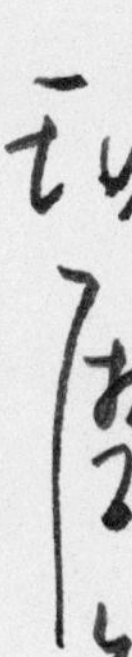

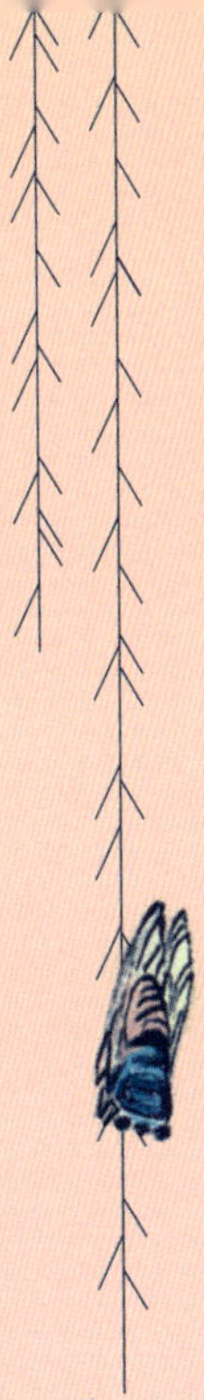

终有一天你会懂

琢磨先生 著

中信出版集团 · 北京

图书在版编目（CIP）数据

终有一天你会懂 / 琢磨先生著 . -- 北京：中信出版社，2018.5

ISBN 978-7-5086-8857-2

I. ①终… II. ①琢… III. ①人生哲学－通俗读物 IV. ① B821-49

中国版本图书馆 CIP 数据核字（2018）第 072476 号

终有一天你会懂

著　　者：琢磨先生

出版发行：中信出版集团股份有限公司

（北京市朝阳区惠新东街甲 4 号富盛大厦 2 座　邮编　100029）

承 印 者：北京盛通印刷股份有限公司

开　　本：880mm×1230mm　1/32　　印　　张：12　　字　　数：165 千字

版　　次：2018 年 5 月第 1 版　　印　　次：2018 年 5 月第 1 次印刷

广告经营许可证：京朝工商广字第 8087 号

书　　号：ISBN 978-7-5086-8857-2

定　　价：58.00 元

目录

第十八部分 懂自由

序

在当下这个肤浅阅读的时代，出书是一件非常奢侈的事情。而且从写作的成本角度来看，写书也是一件特别费力且可能不太讨好的事情。

现在，书的功能基本已经沦落为某种仪式的祭品，比如在出行的车上，在候车的长凳上，把书拿出来毕恭毕敬地放置于腿上，然后开始玩手机，最后结束的时候，再把书合上，放进包里。这种仪式感是如此的庄严肃穆，让我十分感动，于是我给这些人信奉的“宗教”起了个名字：拜书教。

书的地位尚且如此，何况作者乎？

我曾经特别在意这件事，以至于十分拒绝别人给我加注作家的称呼。那时的我，非常在意读者的感受：如果读者买了我的书不看，我就很想和他争吵几句；如果别人质疑我的写作观点，我也会立刻进入战斗姿态，或冷嘲或热讽地表达着“凭你也配”的情绪。

因为在意，所以在写作的偏向性上也热衷于讨好读者，他们想读什么我就写什么，他们想宣泄什么情绪我就写什么情绪，只为了寻求别人的认同。从商业的角度来说，这样写作是极好的，因为用自己的笔写读者的心声，共鸣所带来的是众多读者的支持，因此广告商纷至沓来。

表面上的风光，掩盖不了内心的失落。我就如同马戏团里的小丑，找不到自己的快乐。

因为总是顺着别人的思路写，所以就离自己的内心越来越远。因此，很长一段时间我都在思考一个问题：一个作家，到底是要讨好读者，还是要表达自己？

很多人可能觉得这个问题很简单，认为答案当然是后者。但在巨大的利益和关注的诱惑面前，做到后者谈何容易？于是，我开始尝试走中间路线，也就开始了人格分裂。

每次在写作的时候，我都分裂出至少两种人格：一种人格是我自己的，一种人格是读者的。写作的观点是我的人格，但我会考虑读者阅读时的感受，这是读者的人格。甚至在那段时间，我一度认为一个好的作家，就应该是人格分裂的。

从讨好读者走向人格分裂，表现在文字上，就是两边讨好。就如同铃木光司说的：

> 说花美就会有人说“也有不美的花”。预想到会有这种抱怨，于是写“既有美丽的花，也有不美的花”。这基本是废话，让所有人都认同的文字根本称不上表达。

因此，这本书是我第三个阶段的书，是表达我自己的一本书，所以里面充满了我自己的“偏见”。只要是有价值的观点，一定是有偏见的，下笔即偏见。我并不想讨好读者什么，我唯一希望的，就是通过我的“偏见”，能够让读者从一个新的角度观察生活的方方面面。读者最终得出的结论，或许跟我完全相反，但这不重要，因为生活是自己的。

在阅读这本书的时候：你可能会大笑，也可能会感觉如坐针毡；你可能会频频点头，也可能会摇头不止。但只要你开始去重新思考生活中那些习以为常的事情，这本书的使命就完成了。

感谢所有读者的陪伴，没有你们，我就看不清自己。感谢中信出版社的策划编辑李玫女士，对一个不断脱稿的人，依然坚持不放弃治疗。感谢本书的插图照片摄影师叶琳女士，一个好的摄影师一定有一颗美丽的心灵，总是能从平凡的事物中发现最美的角度。最后，感谢我的太太和儿子，他们总是在我思维枯竭的时候，给我提供源源不断的灵感。

琢磨先生

2018 年 3 月 21 日于杭州西溪湿地

第一部分 懂生活

世界很大，不要动不动就困住自己。任何你引以为傲的东西，都可能是束缚你前行的枷锁。离开一个人，你会发现世界上有几亿人等着你爱。离开一家公司，你会发现无数的机会摆在你面前。离开一座城市，你会发现更多的生活体验。只经历两点一线，很难说一个人真正活过。勇敢前行，不念过往，不困眼前，温暖向善。

人生充满了错觉

人生中有很多错觉，比如：股票要涨，房价要跌，他还爱你，明天会比今天更美好……这些事儿咱都做不了主。比如，被套牢的股票，我都准备用来传世的，将来我孙子拿着我的股票可以对别人说："这是我爷爷传给我的，到现在还没解套呢。"所以，我们家的家训就是：股市重回解套日，家祭无忘告乃翁。

但是这些错觉太宏观，以至于每一个身处江湖的人都无能为力，但下面这四个错觉，却应该是早认清早好。

第一个错觉：认识人多，就厉害

很多人以为认识的人多就很厉害，或者认识的人多，别人就可以帮到自己。这种天真的想法就跟我年少时希望每个中国人都给我一块钱，我就有几个亿一样幼稚。不信你去朋友圈里卖个东西看看，保准没几个理你的。事实是你认识的人过多，导致自己没那么多精力去培养感情，所以愿意搭理你的人反而更少。

这年头儿很多人凑一起就是图个热闹，遇到人一言不合就加微信。我自己就有五个微信号，还给自己建了一个群，群名叫：帅人俱乐部。主号每天说“先生好帅”，然后，我再用另外四个号回复“先生说得对”。我是不要脸，但是我帅啊。

我之前也加了不少群，群里也有不少厉害的人，这明星那主持人的，可那又怎样？人家和你又不熟。此处应该再祭出一句名言：只有你自己强大，才是真的强大。这句话来自著名哲学家：沃兹基（我自己）。沃兹基这句话的意思就是：人家跟你交往的热情程度，往往取决于你的价值。哪怕这个价值是特别擅长陪聊，特别擅长出主意，特别擅长埋单。没有自身价值存在感的社交，纯粹是打酱油。你认识再多的人，遇上事儿，大家都立刻做鸟兽散。

所以，不要投入太多精力在社交上，社交会耗费掉你大量的精力。你在微信群里谈笑风生又怎样？你还能起飞吗？你在各种Party（聚会）上衣冠楚楚又怎样？人家只是把你当作一个玩偶而已。有这精力，不如多去充实自己，多读书，多思考问题。不必去迎合每个人，不必逢场作戏，不必讨每个人喜欢。

认识人千万，不及真爱一个。

第二个错觉：对你好，就是喜欢你

别人对自己好，特别是异性，就以为那是爱。其实吧，对方没准儿对谁都好。你觉得对方跟你暧昧，没准儿对方说话的方式就是暧昧。真不必大惊小怪，以为爱情发生了，那只是人家平常的交往方式罢了。

落寞很久的人就容易这样，看谁都像发春的样子。就跟一个想失身的人走在大街上，觉得每个人都可以强奸自己一样。

我来告诉你真相：有些人就是所谓的高情商，他们特别擅长搞暧昧，让每个人都觉得都跟自己有点儿意思，雨露均沾，但又片叶不沾身。所以，不必意淫着他们会爱自己，你可以想想：如果你是位异性，会爱上自己吗？如果你自己都不会，别人怎么可能会轻易眼瞎。

别人对自己好，要感激。但是你动不动就把这当爱，还真不把自己当外人啊。

所以好好交朋友，别想三想四的，搞得各种纠结与爱恨纠缠，控制、猜忌与嫉妒并存。很多人不必发展成恋人，否则在各种失落、暴躁与争吵后，绝交于江湖，此恨无解，没多一个恋人，却失掉一个朋友。不是每份好的情感都要发展成爱情，爱情大多太短命，得不偿失。

第三个错觉：勤奋，就会成功

好多人以为比自己成功的人都比自己勤奋。错，这大部分是因为运气。你看我这么成功，我啥时候说过自己勤奋？媒体问我，我都是淡淡地一笑：都是运气而已。简直很霸气，有没有？这气场，我要是个妞儿，都要爱上自己了。

所以，不要听信什么比自己优秀的人还比自己勤奋。勤奋没什么好显摆的，这是标配。富士康车间里的每个工人都很勤奋，每座城市里的清洁工都很勤奋，有可比性吗？世间大部分事情都是靠运气，碰上就碰上了，碰不上安安静静地过一生也不错啊。

因为你总想着勤奋就会成功，就很容易忽略眼下的小日子、小情趣。最悲剧的莫过于你勤奋了，到头来也没享受这个过程，岂不是白忙活一场？

人分四类。第一类只知道每天瞎勤奋，而忽略了眼下的享受，这叫忙碌奔波型的命。他们希望上最好的大学，上了大学希望拿一等奖学金，拿了一等奖学金希望找到最好的工作，找到最好的工作希望得到老板最大的赏识……累不累啊？第二类人属于每天不勤奋，只知道享受快乐，这叫享乐主义，他们可能会去吸毒啊、酗酒啊、纵欲啊。第三类人属于既不享受眼前的快乐，也不勤奋，这叫虚无主义。如果你是这类人，可能是患了抑郁症啊。

真正具有好态度的是第四类人，每天保持勤奋，也不忘记享受自己的小生活。别整天被这个勤奋那个勤奋忽悠来忽悠去，他们那么告诉你，就是希望你勤奋了，然后他们就可以不勤奋了而已。就像很多老板在让你加班的时候，动辄就说“你们要把公司当家”，但是一到发奖金时就说“你们还真把公司当家啊”。

所以，保持自己的小情调，过好自己的小生活，认真做好自己的事情就好。

第四个错觉：好朋友，都不会害自己

好朋友就一定不会害自己，这可真不一定。好朋友知道自己的糗事多，更容易和别人分享你的尴尬。很多人遇到愤怒的事情，兵荒马乱时的第一个念头往往是找人倾诉：他对不起我，他是个变态，这事儿我是多么冤枉……事过境迁，自己已经风平浪静，却发现当初自己急于倾诉的事情，已经成为圈子里茶余饭后嘲笑自己的谈资。

岁数越大越开始明白一个道理：很多事情都是因为自己的大惊小怪，才让它失去控制的。

其实，这不能怪朋友，很多朋友真的是出于好心。比如，有段时间网上好多人来黑我，没什么大惊小怪的，我也曾经红过好吗？然后，我的很多朋友就定期把黑我、骂我的言论收集整理后告诉我。厉害了，我的哥儿们，这叫“二次伤害”，好吗？

我本想息事宁人，就这么过去好了，因为在网上被黑说不清楚啊。别人说我是个太监，我不必拍裸照证明我有那玩意儿啊。因为如果我拍了裸照，别人又会说我是性无能啊。难道我还要再拍段视频证明自己是“一夜八次郎”吗？即使证明了，人家还可以说我是个双性恋啊。想解释，想证明，就输了。

我的几个朋友却怒火中烧，每天都去骂黑我的人。结果被这

么好心的一鸣，让我惊人了。所以，怎么办呢？首先要感谢这些朋友，这些人是真正的好友，将你视若己出，这个成语用在这里有些奇怪啊……

其实，每个人都要清楚，有些事情，注定是要烂在自己肚子里的，虽然你很想倾诉，但就是要憋着。憋啊，憋啊，憋啊，事情就过去了。这世界上没有过不去的事情，人家明星出个轨、吸个毒才能占头条最多三天，就你那点儿事儿，有什么大不了的。

之所以说是错觉，就是你一直想当然，而看清楚之后，就直面惨淡的人生。如同罗曼·罗兰在《名人传》里评价米开朗琪罗时所说：世界上只有一种真正的英雄主义，那就是认清生活的真相后，还依然热爱生活。

活出漂亮的姿态

我经常听到“中年危机”这个词。中年时候的梁实秋说过，有两种情况最容易令人感到中年已到：一是“耳畔频闻故人死”，陆陆续续有朋友去世，收到讣闻时令人凄凉；二是“眼前但见少年多”，忽然有一大批不知道从哪儿冒出来的小屁孩儿，在你面前招摇过市，春风得意。

梁实秋说的挺真实，一个人发现自己忽然迈入中年，往往是通过跟周围人的对比。所以说，人是忽然发现自己变老的，而不是慢慢变老的。不过，我认为中年危机并不是生理上的青春不再，而更多是在心理上的“缴械投降”。我遇到很多人不过30岁出头而已，就已经快速完成了从清秀少年到邋遢中年的过渡，开始不修边幅、胡子拉碴、满脸横肉、眼圈浮肿。他们也不再轻易谈起理想，嘴里全部是房子、车子、儿子、票子这类务实得不能再务实的东西。

离现实越近的人，就会离灵魂越远。离现实越近的人，也越容易蝇营狗苟、患得患失、亦步亦趋地被眼前的现实所驱动，而忽略了自我的反省，也就忘记了自律。而一个人一旦不再自律，就会迅速让身体和精神状态滑向不可救赎的境地。

一个人要摆脱中年危机，首先是不要让自己的肉体堕落，因为让肉体堕落就是对灵魂不负责。虽然在笛卡儿那里这两者可以分开，当身体在大快朵颐的时候，灵魂说“管它呢，反正不是我”，但是灵魂这样袖手旁观，就忘记了“皮之不存，毛将焉附”这句古老的谚语。如果肉体不在，灵魂也将无处安放。

所以，每个人一定要有一个自己热爱的运动方式，不管是走路、跑步，还是游泳。村上春树说：“肉体是每个人的神殿，不管里面供奉着什么，都要保持它的强韧、美丽和清洁。”这一切都是建立在肉体不堕落的基础之上的。

警告肉体不堕落，我还有一个方法，就是买很修身、自己很喜欢的衣服，最好是贵到不能呼吸的那种。这样每次想到自己万一有一天发福穿不上那些衣服，就会很浪费钱。我太太就非常喜欢我的这个建议，所以她买了不少衣服，然后拼命去运动，说这是为了省钱。这个逻辑，我越想越觉得好像哪里不对。

一个人不能总是穿让自己感觉舒服的衣服，这样会让自己失去对身体的自省和控制。因为肉体是很低能的，甚至是发育不健全的，它还有很多欲望，比如食欲、性欲、游戏欲，反正坏事儿都是它想干的。基本上，只要能给肉体带来最直接刺激的事情，所谓“声色犬马”，它都很难抵制。唯有正视它，警告它，才能让它产生自律。

除了对肉体的自律，我们还要对这个世界保持好奇心。每天想办法扩展自己的见识，比如之前从来不拿保温杯，今天捧一个在手里，比如从前没吃过咖喱，今天去尝尝。人生就像个探险游戏，一点一点扩展，才能发现世界越来越大。世界越来越大，才不会把自己眼前那点儿恩怨情仇，看得比世界还大。你恨多了，只能说明你的世界太小了。

心理衰老很重要的一个标志就是：丧失了好奇心，觉得眼前的事全是理所应当的。如有可能，下班换条路线，回家的路上去尝试探索一下这座城市新的角落。在路上不要只玩手机，眼睛向外看看，街道旁的小店、叫喊的商贩、路边的行人和从不曾留意的屋顶的样子。

如何保持好奇心呢？就是要让自己每天活得不同，拒绝重复，每天体验不同的生活。哪怕是面对同样的生活，也要活出不同的姿势。哪怕是活出同样的姿势，也要拥有不同的感受。哪怕是拥有同样的感受，也要写下不同的文字。

最后，学会欣赏美。美包括美人、美食、美物、美景等。我们欣赏美，是因为现实世界对我们太刻薄，不肯让我们的意志推行无碍，于是我们就让自己的意志溜到理想的世界里。欣赏美，可以让一个人摆脱低俗的现实世界，活出纯净的灵魂境界，让自己保持纯粹与灵性。最终，纯净的灵性又会反过来滋养我们对现实的看法。

当然，美是有层次的，低级的美只能带来快感。19 世纪，英国有一位学者叫罗斯金，他说："我从来没有看过一座希腊雕像，能比得过一位血色鲜丽的英国姑娘的一半美。"他这里说的美是一种低级的美，是快感。快感一般满足实际的需要，比如见美女起性欲，见美食起食欲，见金钱起贪欲。

高级的美感不带有占有欲，以满足精神需求为目的。比如，我们读起陈子昂的诗句"前不见古人，后不见来者，念天地之悠悠，独怆然而涕下"，并没有得到什么，但我们体会下来却可以得到一种苍凉的心境之美。

我们可以去旅行，欣赏自然之美。这能够让我们移情景色，并且在这个过程中捕捉自己的心情。比如看到一颗古松，我们感叹它经历的风霜，联想到历史的风霜在它身上留下的痕迹，那刻就得到了美的享受。比如欣赏音乐，让自己随音符波动起伏，我们得到一种或悲伤、或喜悦的情感享受。再比如欣赏绘画，我们懂得美术作品所呈现出来的艺术家的心境，他们借助极少的现实创造出丰富的理想世界。

这些欣赏美的过程，会让我们暂时脱离现实，进入一种纯粹的艺术欣赏的境界中。我们活在欣赏的对象里，会让自己更像一个真正的人，而不仅仅是一个物化的自己。

欣赏美，代表你对这个世界依然抱有希望。能感到美，说明这世界没有恶俗到让自己得过且过的境地。

生命很长，不要急着让自己老去。
生命很短，不要让自己辜负年华。

学会欣赏美，活得才像人

美学大师蒋勋曾经说过一句话：过得像个人，才能看见美。他非常强调人作为主体在审美中的地位，当你自觉地提醒自己是个人，而非一只忙着打洞储存粮食的鼹鼠，然后放慢脚步去观察自然、品味生活的时候，美自然就会在你面前展现出来。

但我喜欢把这句话反着讲：学会欣赏美，活得才像人。我们不能等待美的出现，但可以刻意去发现生活中的美，并且通过这种对美的欣赏，让自己摆脱功利主义的利害计较，从而更好地完善自己作为一个人的存在。

蒋勋重视个体的自觉，我注重欣赏的行为，所以蒋勋的境界更高，当然也更难达成。在我看来，每个人都有欣赏美的权利，不管你是何种状态，只要你愿意去欣赏美的存在，就可以得到美的滋养。

说起美，另一位美学大师朱光潜曾经有一个经典的论述：一个木材商人、一个植物学家和一个画家同时面对一棵古松的时候，木材商人心里盘算的是这棵树是适合造房子还是打家具，以及卖出后利润如何；植物学家则看到一棵树的树叶特征、树干粗细以及生长的环境，并基于此判断这棵树属于什么类、什么科；画家则聚精会神地欣赏和玩味古松苍翠的颜色，甚至能体会出傲然挺拔和绝世而独立的精神。

木材商人的审美是实用主义的审美，植物学家的审美是科学的审美，画家的审美则是艺术的审美。实用主义的审美以善为最高目的，科学的审美以真为最高目的，艺术的审美以美为最高目的。在美学理论的发展历史中，实用主义和科学主义也都曾占有一席之地，无疑以艺术的态度审美才是最高的审美，因为木材商人和植物学家的关注点都不在古松本身，他们都是把古松作为跳板，把它与相关的各种事物连接起来。而画家则专注于古松本身，暂时放弃实用主义和科学态度，以达到一种物我两忘的状态。

就如同我们看到一个姑娘，如果立刻联想到如何繁衍后代，则落在了实用主义的态度上。而我们去分析她的性格、人品和喜好，则又陷入了科学桎梏中。她出现的时候，正好在雨天，细雨蒙蒙，她打着一把伞，在一片苍茫中她衣裾飘飘，我们觉得美极了。此刻，是最高境界的审美。

因此要学习欣赏美，就必须刻意自觉地放弃实用主义和科学主义。比如去博物馆看梵高的画，我们不必了解梵高的生平经历，也不必掌握绘画的理论知识。我们站在他的画作前，透过他的色彩，感受到一片灿烂的星空。那一刻，我们忘记了所为何来，也忘记了将向何去，就停留在那里。通过这幅画感受到一种平静，就是美。

同时，一个人必须要与审美的对象保持距离。比如我们阅读托尔斯泰的《安娜·卡列尼娜》，总是通过安娜的行为联想到自己妻子的不忠，那么就无法去欣赏，因为离《安娜·卡列尼娜》太近了，近到让自己无法进入小说的美感世界。这或许就是我们常说的距离产生美吧。阅读小说也好，欣赏雕塑、绘画也罢，我们不必总把自己代入。你越能从中抽离出来，就越能体会到美的存在。因为美是不应该涉及利害的，而一旦将自己代入其中，就逃脱不了利害的计较和道德的审判。

康德在他的《判断力批判》中，把美感定义为：不计较利害的自由的快感。不计较利害的唯一方法就是保持自己的旁观性。另外，审美一般是建立在无用之上的，无用之用才是审美的大用。

我们过于重视有用，这种功利主义的思想强调对现实问题的解决，让人局限于动物性的自己，以图自保。而无用之用，是不会立刻作用于现实目的的，它更重视心灵的感受。因此，从这个

不管被人如何陪伴爱护，人生终究是一条孤独的路。

意义上说，它让人从现实中转移出来，以获得人之为人，而不是鼹鼠的自觉。

审美是每个人都有的权利，而非少数独享的特权。只要你有意识地保持审美的自觉，就会获得美感的享受，也就活得越来越像个人。

矫情一点又何妨

我曾经一度认为矫情会让人脆弱，自怨自艾式的哼哼唧唧只会显出一个人的无能。但是很多时候，矫情一点又何妨呢？

比如独在异乡为异客，每逢佳节都倍思亲，所以自己做顿饭发点感慨：一个人在外打拼，如果没有人在乎自己，就要好好爱自己，爱自己，就是爱家人，冷了，就抱抱自己。这又有什么不好呢？看起来矫情，但用这个方法在冰冷的城市里温暖自己的内心，又何错之有呢？

你们有没有想过，矫情的时刻，自己才更属于自己？

比如失恋了，自己去看场电影，出来矫情一下：每个人只能陪自己一段路，什么时候上车，什么时候下车，都不得而知，我们能做的，就是让人上车的时候不随随便便，下车的时候不患得患失，只要车在路上跑，还愁拉不到活儿吗？

如果别人读到你这段矫情语录，一定会觉得酸酸的、甜甜的，心想：真矫情，失个恋还变成了哲学家。但若没有这矫情的诉说，怎能梳理过往的人生呢？不对过往的人生有个交代，又如何能让自己真正勇敢地面向未来呢？

我突然明白了，矫情是一个人的保护机制，当自己身处压力之中，感到失落、困顿时，给自己一个感性的时刻，让自己内心最脆弱的部分站到镜头前，告诉观众们，我是多么不易。

当西方哲学发展到了笛卡儿时代，这位近代哲学之父开创了理性主义，理性到企图用几何学来论证人生中的所有问题。后经斯宾诺莎、莱布尼兹、康德、黑格尔……理性主义发展到了顶峰，甚至对所有道德都进行了定义。那人就幸福了吗？叔本华说：滚犊子，别扯了，人生就是个悲剧，都是生命意志和基因拷贝的需要，哪有理性可言。

尼采说：叔本华说得对。

于是，掀起了一场灿烂的、充满阳光的、令人耳目一新的非理性主义思潮。尼采是一个非常感性的人，他说：不用信什么上帝，相信自己就好了，要让自己活得精彩，否则就是辜负了这场生命的际遇。要拥抱生活，让生命绽放，让自己内心的权力意志实现它的欲望。

你可能会觉得尼采特别矫情，可这是精彩的人生态度。矫情又有什么不好呢？

人有理性的部分，比如我们劝别人要看开的时候，就会特别理性。人也有感性的部分，比如自己看不开的时候，就会特别矫情。理性的时候，你的道德感如上帝般的观察周遭。矫情的时候，你的自觉就会始终提醒自己：我是一个人，一个活生生的、有血有肉的人。

所以，不要放弃自己的矫情，甚至偶尔刻意地让自己矫情一下。

比如，在冬日的阳光里靠在窗边，在桌面上铺开一本书，不一定读，就是做个样子也好。其实，现在很多人都喜欢这种仪式感：在火车上，在飞机上，在花园的长椅上，摊开一本书，然后开始玩手机。但此时，你若想起李清照、想起林黛玉、想起顾城，让自己矫情得像个词人，就会感觉身体柔软开来，一股暖意从心底里泛起来，一直扩展到身体各处。

在夜深人静的某个深夜，多想想自己的不易，陌生的城市和自己——一个无助的人，每天疲于奔命，却依然如蝼蚁般渺小。让内心最脆弱的声音有表达的机会，而不是每天假装坚强，伪装得百毒不侵。这样，你才能知道你是个人，不管处境如何，每天都要活得像个人，而不是时时处处准备去战斗。

给自己留一点矫情的时间，跟内心交谈，让生活温暖。如是这样，矫情一点又何妨？

假如我们互换人生

我经常想，假如我们互换人生，我此刻会以何种姿态过自己的生活。

比如，在餐馆吃饭，我就在想，假如我是那个服务员，而服务员是我，我此刻会如何。我可能立刻就会爱上我。我大约会打量一下这位客人，从他的言谈举止判断他是一个怎样的人，从坐他对面的女人的表情，来判断他们之间的关系如何，吃完饭他们是分道扬镳还是直奔如家。

等客人都走了，夜深人静，我会做什么，会思考些什么？望着这座城市璀璨的灯光，我是不是会感觉自己是一个被世界漠视的人？我要如何打拼才能在这个城市里站稳脚跟？我想起今天吃饭的那位客人，他是怎么做到在埋单的时候连眼都不眨的？我要有意无意地多听听客人们讨论什么话题，万一里面就有新的机会呢？我可不能一辈子就做个服务员啊，我至少得做到领班啊。

念至此，我立刻对服务员报以微笑，让自己不要对她大呼小叫，因为将来她是要做领班的人，不要破坏她这一刻的自信。

在游乐场的时候，我在想，假如我是维持秩序的服务人员，百无聊赖、日复一日地看着人头攒动，是不是还可以精神饱满、微笑着对待每一个人？看到有人插队，我是不是会默不作声，睁只眼闭只眼，多一事不如少一事？

站我前面这个人我好像认识，好像是个演员还是什么，我要不要去找他要个签名啊？想想算了，我也正在工作啊。每天只要游乐场一开门，人就不会停，何时是个尽头啊？

念至此，我就把孩子安顿好，不要上蹿下跳给服务人员添麻烦，他思考人生已经够心烦的了。

坐飞机的时候，我在想，假如我是空姐，望着满机舱的人。咦，那个角落有个男人在盯着我看，他肯定在想怎么要到我的手机号。我走到他面前跟他说：先生，请系好安全带。看到他不好意思的眼神，觉得好搞笑。

男人，不都是那点儿事儿嘛！

咦，后舱两个人好像本来不认识，怎么就靠在一起了呢？这年头发生个感情真是好容易，我一定要看好洗手间，防止他们一起溜进去。

念至此，我就跟空姐说：能把手机号给我一下吗？洗手间不能便宜了别人。

如果我是我太太呢？我是不是可以按顿按时做好饭，然后整理好家务，看着躺在沙发上打游戏的我，是不是可以由衷地说：好爱这个男人啊！论自恋，我只服沃兹基。

他竟然没有表达感激之情就低头看手机了，上面有什么秘密呢？嗯，我不能要过来看，那显得我多小气，要不我也玩手机？算了，老娘还是去看书吧，上周买的《解忧杂货铺》还没看完呢。男人还不如本书靠谱，你付出多少他都觉得习以为常，书随便翻两页，它就会告诉你好多秘密。

念至此，我赶紧放下手机利索地把洗衣机里的衣服晾了，把被窝暖好，然后大喊：娘娘，该来睡朕了！

这么思考人生是不是会很有趣？如果每个人都能经常这样转换角色思考问题，我相信都能体会到对方的不易，且做到当下的自觉。

我们经常是在自己的世界里待得太久，只想着让自己灿烂，而忘记了分享给别人一点阳光。

第二部分
懂爱情

终有一天你会懂，

你需要的不仅是一个异性，

更应该是一个可以沟通的灵魂。

终有一天你会懂

终有一天你会懂，
你需要的是一个可以沟通的灵魂，
而不仅仅是一个异性。

终有一天你会懂，
与其陷入一段错误的感情，
还不如单身过得轻松。

终有一天你会懂，
不管你多么爱一个人，
你都占有不了她的灵魂和她的梦。

终有一天你会懂，
这世间的林林总总，
都比不过自己内心的安定。

终有一天你会懂，
不经历人渣，
你根本就不会真正懂得爱情。

终有一天你会懂，
所有在爱情里经受的狂风暴雨，
都是为了最终在一个人怀里风平浪静。

终有一天你会懂，
爱上一个人可以完全靠感觉，
长久爱一个人却必须要理性。

终有一天你会懂，
即使跟过往的人再相逢，
心中也早已千疮百孔。

终有一天你会懂，
每一个说不在乎爱的人，

心里都藏着一份不可言说的憧憬。

终有一天你会懂，
靠另一个人永远无法让你摆脱孤独，
只能靠自己对生活的热情。

终有一天你会懂，
我说的话，
你应该早点懂。

爱上你，不再怕溺毙

坐在陌生城市的街头，
看人来人去，
我在想，
一个人，
这辈子该错过多少人。
车水马龙，
灯光璀璨，
我们却无缘。
一个人，
这辈子该与多少人擦肩而过，

才能彼此相识。

好在人的奇妙之处在于，

只要爱上一个人，

便安定下来。

爱上一个人，

安静了一颗心。

从此就对另外的 70 多亿人失去了兴趣。

所以美好爱情的绝妙之处在于，

仿佛在茫茫水域，

找到了一座岛屿。

从此，平心静气，

不再折腾，

也不再怕溺毙。

爱上一个人，

内心就会富足。

觉得再对别人显摆自己的幸福毫无意义，

觉得无须再对外人诉说什么，

手机也不再是最好的玩具，

社交也变得可有可无。

简单说，

遇到一个爱的人，

自己情愿废了所有行走江湖的功夫。

跟你砍柴喂马，

躬耕南山。

那么爱情的本质到底是什么？

我们爱一个人，

往往有两个层面的问题。

首先我们爱的，

是这个活生生的人，

她有自己的容颜和自己的脾气。

但这远远不够，

如果你仅仅爱这个具体的人，

你很快就会有挫败感，

因为她一定会表现出自己的缺陷。

她说话的方式，

她行为的逻辑，

往往未必都能如自己所愿。

因为她是个人，

不是个玩具。

更严重的是，

你很快就会发现，

你根本不可能真正占有这个人。

其实很多时候我们真正爱的，

是第二个层面。

是自己假想的这个人。

爱，

就是可以美化一个人。

如同但丁爱贝雅特丽齐，

他直接把她当作了女神。

虽然他们从来没有在一起，

但这完全不妨碍但丁对她的爱。

因为爱一个人有假想的部分，

于是就可以包容她的不足。

真实的她，

跟你假想的她之间，

有了一个缓冲。

她没有及时回复你的消息，

你会假想她手机静音了。

她没有呼应你的情绪，

你会假想她工作正在厌烦。

而不至于勃然大怒，

觉得对方没有随时守候你的需求。

跟真实的她生活。

跟假想的她相爱。

给她留一点缝隙，

也给自己留一点释怀。

天长地久地相爱，

日复一日地生活，

没有点想象力，

很难活下去。

就如同林志玲还没有爱上你。

你应该能想到，

只是因为她太忙了。

爱的五种类型

弗洛姆是所有心理学家里我最喜欢的一位，他既不像弗洛伊德那样咄咄逼人，也不像荣格那样玄幻。他的《逃避自由》和《爱的艺术》是我最喜欢的两本书，按照他的理论，当下的社会存在着五种性格类型，放在爱情的表现中，也同样可以让人对号入座。

第一种是接受型。这种类型的人热衷于接受自己所需要的东西，无论是物质的还是精神的。因为他们认为外界的都是好的，所以在选择所爱的人时，往往不加区分。别人一个眼神他就会夜不能寐，别人一句问候他就激动万分。只要别人爱他，他就不会拒绝。

所以，这种类型的人有时看上去会有滥情的表现，但本质上来说，是源自自己爱的缺乏。他们又不会主动去弥补这种缺乏，所以这种类型的人每天就活在患得患失之间。他们的所有情绪都依赖对方，得到虽然会欣喜若狂，但失去又会迅速觉得生不如死，往往在两个极端之间摇摆着。他们需要爱人随时陪在自己身旁，如果孤身一人就会茫然不知所措。他们所做的一切，只有一个目的，讨好别人，让别人爱自己。

第二种是剥夺型。这种类型的人跟接受型有一个共同特点，就是认为好的都东西都是外界的，但剥夺型的人并不期望像接受礼物一样得到别人的东西，而是要通过强力或欺诈等各种手段，从别人那里抢过来。

所以，这种类型的人往往认为自己最爱的人，都在别人家待着。他们的一个典型特点就是：喜欢争夺别人爱的人，因为这样给予他们极大的成就感。简单说，他们最大的快乐，就是剥夺别人的心爱之人。但是得到之后，他们立刻就意兴阑珊，因为占有根本就不是他们的目的，他们的目的是争夺这个过程。

第三种是囤积型。这种类型的人同前两种人不同的地方在于，接受型和剥夺型都是靠外界得到信心，但囤积型的人则沉浸在自己的世界里。他们在爱情中的表现就是占有，一旦占有后，就不会轻易放手。他们喜欢沉浸在过往和当下的情感经历中，如果别人离开自己，他们会视为极大的威胁。

别人离开自己，接受型的人只会难过，除了悲伤无能为力。剥夺型的人会立刻移情别恋，通过新的恋人来获得满足。而囤积型的人则会用尽各种手段阻止别人离开，甚至诉诸暴力。他们的占有手段就是控制，控制对方交往的人，控制对方跟别人互动的方式。只要有不如自己心意的地方，他们就会感觉到恐慌。

第四种是市场型。这种类型的人强调交换价值而不是使用价值，他们把自己当作商品并以交换价值来衡量一个人的价值。在爱情中，这种人是有明码标价的，比如自己什么条件，别人也必须要有什么条件，如果不能赢得比自己设想条件更好的人的青睐，这笔生意就不划算。

他们的爱情模式，就是交易模式。他们坚定的信念用茨威格在《断头王后》中的句子最能概括：所有命运赠送的礼物，都早已在暗中标好了价格。如果一场爱情能让自己增值，他们就欣然接受。如果在这场爱情中自己升值了，对方原地踏步，他们就立刻会觉得交易失败，然后转身随时准备抛售对方这笔不良资产。

第五种类型，当然也是弗洛姆认为每个人都应该努力发展的方向，叫作原创性（是的，他没说是“型”，他更多想描述一种状态）。他认为这种类型才是正常、成熟、健康的倾向。这种类型的人不被固有的惯性所控制，也不被外界的力量所支配，他们坚信每个人都是独一无二的。因为都是原创的，所以不能按图索骥，而是应该一起成长，一起变得更好。

我认为原创性的人在爱情中会遵循一个公式：真爱 = 爱 + 知识。

罗素讲过一个类似的观点：高尚的生活是受到爱的激励，并且由知识引导的生活。爱当然很重要，但仅有爱是不够的，因为打着爱的旗号伤害别人的事例也屡见不鲜。爱必须同时受到知识的引导，而知识是理性的，这种理性来自对自我的反思：我为何而爱？

弗洛姆总结的爱的知识包括五个要素：给予、关心、责任心、尊重和了解。给予就是通过爱对方，去体会爱情的美好，去体验自己的活力。关心是对别人的一种在意，因为我爱你，所以我在意你，在意你所表现出来的一切，而不是漠视。在心理学上，漠视是一种极大的心理伤害；在人际互动中，漠视是对人最大的鄙视。

责任心是对别人的关心的一种回应，也是彼此对承诺的一种坚守。我们这一生会遇到许许多多我们喜欢的人，这是毋庸置疑的，但不见得每个人我们都要发展成爱情。因为对一个人承诺，就意味着暂时放弃对其他人的暧昧，这就是责任心的体现。

没有了尊重，责任心就很容易变成控制或奴役。尊重就是努力让彼此在自己的领地里成长，而不是经常去剥夺对方的自由。我希望一个我爱的人以她自己的方式去成长和发展，而不是服务于我。而且我要接受她本来的面目，而不是要求她成为我希望的样子。

爱情的最后一个要素是了解，你只有了解对方才能尊重对方，如果不是以了解为基础，那么关心和责任心也会是盲目的。如同廖一梅说的：人这一生中，遇到爱，遇到性，都不是什么稀罕事儿，稀罕的是，遇到了解。

爱情到底是什么，其实古往今来没人说得清。但爱情不是什么，却一直就有定论：爱情不是被动的接受，也不是巧取豪夺；爱情不是自私的占有，也不是商品的交易。爱情更像是，我遇到你，愿意去爱你，关心你，对你的承诺与别人不同，尊重你的个性，并且陪在旁边了解你。

爱，
是一场修行。
好好地爱一个人，
你也会成为一个更好的自己。
你在，
你是一切。
你不在，
一切是你。

单身的总是找不到真爱，已婚的却很容易

看到一个有趣的问题：为什么单身的人，总愁遇不到真爱，

而已婚的人，却总能遇到真爱？

有人说，因为大家都喜欢随随便便结婚，婚后认认真真寻找真爱。也有人说，很多人结婚是为了父母向世人交代自己是个正常人，证明完后就开始了自己寻找真爱的旅程。

在我看来，很多单身的人遇不到真爱的原因是，他们自己对真爱根本就没有标准。比如：你因为对方的外貌而被吸引，觉得这是真爱；没过多久，你又觉得能沟通挺重要的，觉得这样的人才是真爱；再过段时间，你觉得懂得体贴、照顾自己的人，才是真爱；后来，你又发现会写作的人才值得爱……很快，你就会发现，好像每个人都不值得爱。

原因在于，你根本就是只爱自己，你觉得别人都该满足自己的需要，这种基于“自己需要”而产生的爱，很快就会让自己失望。因为在这个世界上，没有一个完美的爱人。本质上来说，就是没有一个人像自己那样爱自己。

所以，一个人要找到所谓的真爱，必须做到两点：一是知道自己最重要的需要是什么，然后不断加强在这个点上的关注，你就会发现自己越来越爱具备这个特质的人；二是懂得去修正自己，去更好地配合对方，这世界没有天然的两个人是那么的严丝合缝、完美登对，一定是彼此妥协让步，最后妥协到双方都能容忍的地步。

结婚后的人，总能遇到真爱。我对这点深表怀疑，这很可能是男人外遇后给自己找到的一个借口。结婚后的人所说的真爱，往往是不需要承担油盐酱醋的，那种纯粹虚无缥缈的爱，说白了就是只有性和感情的慰藉。这当然要比婚姻容易得多。

婚姻要包含的因素很多，除了爱情，除了性关系，还有每个月的房贷、父母的赡养、孩子的入学、日积月累忍受对方的脾气、睡前洗不洗澡、回家换不换拖鞋、谁洗碗谁拖地、起床后叠不叠被子……很快结婚后的人就发现了婚姻的现实性，这种现实让所谓的爱根本没有立足之地，于是他们转头试图在外寻找纯粹的爱与性。这种脱离了务实感的爱情，其实是很容易找到的。

有一位朋友说得很好：单身的人总想找个全局最优解，所以总是碰壁；结婚后的人只需要一个局部最优解，所以很容易满足，只要对方没有现任的缺点就可以接受。简单说就是：人们婚前喜欢追求完美，发现根本就没有完美的人；婚后接受了不完美，于是认命了，开始寻找纯粹的爱情。

所以单身的人，要学习婚后人士的心态，越早接受不完美越好，因为不管你跟谁结婚，对方都会让你失望。所以单身的人要做的，就是去寻找一个最不会让自己失望的特质，而不是一个人。比如你觉得会做饭非常重要，那就找个做饭手艺好的。欣赏一个人的特质，比欣赏一个人更靠谱。

而婚后的人，要努力把现任变成真爱，用谈恋爱的方式去过日子，每天增加点小乐趣，努力去挖掘对方身上的闪光点。比如：虽然对方大大咧咧，但是很豪气，不计较你总是给父母送钱啊；虽然对方柔柔弱弱，但是很体贴，总能照顾你的情绪啊。

当然，如果对方拥有的优点，都不是你在乎的，而对方拥有的缺点，又恰恰是你无法接受的，就勇敢结束，及时止损，去寻找那个真正具备你在乎的特质的人。吃一堑长一智，不要再盲目地闯入婚姻，然后重蹈覆辙。

单身的人，
要找到真爱，
先要找得到自己。
婚后的人，
找到的真爱，
能否真正过日子。
这两个问题，
才是解答我们文章标题的核心本质。

情深不寿

“情深不寿”这句话，我原来一直以为是老子这种仙风道骨的人说的，后来一查才知道出自金庸笔下，金庸摘自哪里我就不知道了。意思就是感情太用力就难以持久，走得太近的友谊就容易折寿。所以，爱一个人也不要把所有一股脑儿都给对方，一点一点慢慢来，一辈子就那么点爱别人的力气，用完了，自己就废了。

我其实也不知道感情会不会用完，毕竟我的指标还有。但道理我是认同的，用力过猛的爱情或者友谊，不如远远相望来得更美。因为太过用力，就会失去自我，把自己的所有存在感都寄托在对方身上。这时候就会滋生出一种控制欲，这种控制欲是对失去自我的一种补偿。

我都爱你爱到没有自己了，你当然也要同样对我，否则这种挫败感会迅速产生出怨恨，要么引发暴力控制对方，要么就会迷失找不到自己。比如歌德的经典之作《少年维特之烦恼》里的主人公——维特是一个聪明、善良、充满了美好理想的年轻人。他相信这个世界能给努力的年轻人一个美好的前途，通过自己的努力可以得到鲜花、得到爱情、得到尊敬。但是他没有意识到，他的非贵族出身，在这样的一个社会里会给他带来什么样的障碍。他爱上了一个贵族女子绿蒂，绿蒂也喜欢他，两情相悦。但是，绿蒂已经由父亲做主将她许配给了另一个贵族青年阿尔伯特。

绿蒂是一个循规蹈矩的女孩子，她不敢违抗父亲的意愿，这就造成了她和维特感情上难以逾越的阻隔。维特没有意识到这一点，他依然苦苦地追求绿蒂。得不到想要的结果，他就非常苦恼，但是依然在顽强地追求，寻找各种机会和绿蒂见面。

一旦有了见面的机会，他从头一天晚上就开始兴奋、激动，彻夜无眠，以致到了第二天早上可以去见绿蒂的时候，已经疲惫不堪。他见到自己心爱的女人，立即感到心慌意乱，不知道说什么，坐在那儿，两眼发黑，完全听不见绿蒂在跟他说什么，看不清绿蒂的面容。

他就在这样一种极其痛苦的状态下追求着，最后终于意识到没有什么希望了。于是，他强迫自己离开绿蒂，希望把精力投入到另一个方面来转移自己感情上不堪的重负。他生性非常敏感，别人的一个目光、一句无关紧要的谈吐都会给他造成极大的刺激。他以为周围的人都瞧不起他，因为自己出身贫寒。他意识到，自己不仅在爱情上彻底失败，在事业上也已经彻底失败。这时候他才明白，自己在懂事以后就向往的那个理想的世界，只不过是画在墙上的一幅画。当你向着理想走过去，就会在墙上撞得头破血流。

维特为爱投入了一切，但并没有得到他想要的回报。意识到这一点后，他就用一颗子弹解脱了自己。歌德的这部即兴之作之所以大受欢迎，就在于刻画出了几乎所有人陷入爱情里时都会遇到的问题，这个问题就是：在爱情里完全迷失自己，并不能带来相应的回报。

像维特这样因为得不到就毁了自己的人，至少没有给别人带来伤害。那些因为想控制对方而带来的痛苦，则会让彼此两败俱伤。控制别人的心理是你的所有言行、表现都要符合我的期待。以我这么多年的经验：对方长得好看，脾气就不一定好；脾气好，性生活未必就和谐；性生活和谐，生活习惯、为人处世未必就符合你的期许。这世界上不可能存在一个人，跟你全方位契合。

如果有，那也仅仅是因为热恋期掩盖了这些不足。那么，怎么办？

首先，热恋中的人应该确定好大原则或者底线，比如哪些绝对不可以接受，我认为应该开诚布公地讨论。很多情侣却避讳说这些事情，而是依赖对方自觉。自觉是非常不靠谱的一件事，讨论的过程就是让彼此了解对方底线的过程，也是彼此交换心灵的过程。

其次，热恋中的人必须要明白，爱情并不是一场交易，爱情很可能是你这辈子需要签订的最不平等的双边协定。并不是你投入十分爱情，就可以得到十分回报。而是彼此在相爱时，就成立了一个爱情储蓄罐，每个人都往里投入爱，两个人可以共同享有的爱就会越来越多。

最后，必须要给予对方一定程度的自由，这个自由就是对方可以有自己的一些爱好或习惯，而这些爱好和习惯未必有你的参与。这个自由让双方有一个弹性的空间，不至于一发生矛盾，就立刻上升到爱与不爱，离与不离这样的问题上去，而是彼此可以在爱好和习惯里得到救赎。

物极必反，
情深不寿。
在爱情里不迷失自己，
也不试图去占有别人。

爱上一个人的奇怪表现

不管你打过多少如意算盘，也不管你曾经做过多少预演，当你真正爱上一个人，你就会突然溃不成军。

黑格尔在描述这件事时是这么说的：在这种情况下，对方就只在我身上活着，我也就只在对方身上活着。双方在这个统一体里才能实现各自的自为存在，双方都把各自的整个灵魂和世界纳入这个同一里去。

简单来说，恋爱中的两个人，自己的全部都活在对方的身体里和对方的精神世界里，如果失去了对方，对这个人而言，会非常不幸。

所以，当你爱上一个人的时候，你有了铠甲，同时也有了软肋。铠甲是，因为爱，你无所畏惧；软肋是，因为爱，你害怕失去，而变得患得患失。

恋爱中的人会做出哪些奇怪的事情呢？

首先，恋爱中的人会失去理智。在陷入爱河的那一刻，人会变得呆萌，但如果发现不是自己想要的爱，或者遭到背叛，就会立刻清醒过来，而后又会失去理智地去报复或怨恨。

古希腊神话里有一个美狄亚的故事。美狄亚是科尔喀斯国王的女儿，当伊阿宋这位英雄到她的国家盗取金羊毛的时候，她无可救药地爱上了伊阿宋。她不仅帮他从父母那里盗取了金羊毛，而且当自己的弟弟跟踪追击要杀害伊阿宋的时候，她杀死了自己的弟弟。

美狄亚把自己的一切都交给了这个深爱的男人。两人生活了十年左右，还生了两个孩子。这时，伊阿宋觉得美狄亚年老色衰了，于是就看上了另一个国王的女儿。

后来，希腊悲剧作家欧里庇得斯把这个故事写成了悲剧《美狄亚》，剧中的美狄亚说：在一切有理智、有灵性的生物之中，我们女人是最不幸的，首先我们得用一切去争得一个丈夫，他反而会变成我们的主人……一个男人在家里住烦了，可以到外面去散散积郁，可是我们女人就只能靠一个人。

正是因为爱情对于女人具有一种远比男人重要的意义，所以一旦觉得失去或者被男人背叛的时候，她对这个男人的怨恨甚至报复远远比男人更强烈。美狄亚在意识到被背叛后，她施展魔法杀死了伊阿宋的新欢及其父亲，为了让这个男人痛苦，她还杀死了自己的两个孩子，最后伊阿宋自刎身亡。

其实，恋爱就如同投资，有赚有赔。但最不应该的是孤注一掷，如果把对方当作自己的全部，那么注定会失败，因为这年头任何投资都一样，赔的多赚的少。

另一个奇怪表现就是，恋爱中的人都想占有彼此。

在《神曲》中，但丁在地狱的第二层遇到了一对男女，虽然他们已经死去成了幽灵，却依然紧紧拥抱在一起。女的叫弗兰切斯卡，年轻的时候由父母做主嫁给了一个瘸子，这个男人不仅瘸，还生性暴虐。这时候，弗兰切斯卡遇见了表兄保罗，并且爱上了他。但这种爱情并不被上帝祝福，于是他们下了地狱。虽经血雨腥风的蹂躏，但他们依然紧紧拥抱不愿意分开。

我们大多数人都不如弗兰切斯卡和保罗那么幸运，不要说死后不会分开，就是活着的时候要真正占有彼此，都是难上加难。

但爱情就是具有独占性，于是，开始查岗、查手机，疑神疑鬼。

两个相爱的人的心理大约就是：自从爱上你，天下人都成了情敌。尽管对对方占有得惊天地泣鬼神，你还是怕对方被人夺走。

可悲的是，这种独占性很可能会以失败告终。因为人之所以为人，就在于他是自由的。这种自由体现在精神的自主和思想的独立，所以真正的爱情，很难做到但丁所描述的那样，而是很可能手拉着手，你想着你的，我想着我的，我们一起前进，彼此分享，但不会全盘托出。

每个人都有自己的秘密，如果和盘托出，反而就没有了神秘感。好的关系是，我大脑里有神秘的区域，如果你想一窥究竟，就要靠近我，每靠近我一点，我觉得安全了，就分享你一些。

第三种奇怪表现是，恋爱中的人虽然理论上来说应该无私，但其实却恰恰相反，很多人都是在恋爱里交易。比如，我如果时刻准备回复你的信息，你就应该也做到如此，如果我表达了对你的爱，你就也应该对我表达。这就是一种交易模式。

很少有人能做到朱丽叶对罗密欧的那种全然为你的状态。朱丽叶说："我的慷慨像海一样浩渺，我的爱情也像海一样深沉，我给你的越多，我自己也越富有，因为这两者都是没有穷尽的。”

所以，你知道为什么莎士比亚的《罗密欧与朱丽叶》会成为经典了吧？因为大部分人做不到，而有人做到了，我们就被震撼得五体投地。

如果说爱情是一场交易，那是我见过最不公平的交易了。因为每个人表达爱的方式不同，也就无法用交易来衡量。比如一方给另一方洗衣服值多少钱？能不能用一句“我爱你”来偿还？

在我看来，所谓爱情的目标不应该投射在对方身上，而应该高于两个人，每个人都要往里面灌注自己的爱。它越充盈，两个人就越相爱，因为彼此都受到这个巨大的、充满爱的能量团的滋养。

第三部分 懂兵法

对男人来说，我觉得最可贵的品质是豁达，不斤斤计较，不小肚鸡肠，不因一时一地的处境而患得患失，因为豁达所以包容，因包容而有大格局。

对女人来说，我觉得最可贵的品质是独立，不管家里男人多么有钱，自己也始终有喜欢的事业，这样在人格上不屈从别人，也不会因养尊处优而变成只为男人而活的怨妇。

撩妹四步法

今天这个时代已经变了，孩子都不是人而是蛙了。只要一部手机在手，就可以指挥各色人等为自己奔跑：送快递、送外卖、代购、上门清洁……自己躺在沙发上，在手机上看着这么多人为自己的衣食住行跑来跑去，立刻就会产生一种“黄袍加身”的错觉。

那我就锦上添花，再教大家一个靠朋友圈就搞定一个女生的办法，该技巧一共分为四个步骤，适合宅男们使用，望勤加练习，早成正果。

第一步：频繁露出

要多发朋友圈：每天读了什么书，读了什么摘抄，将其发到朋友圈；每天听了什么讲座，把笔记写一下发到朋友圈；每天吃什么饭，把美食拍得美美哒发到朋友圈；路上遇到一辆法拉利，合个影发到朋友圈。时间久了，你就会成为别人以为的那个人，特别是那些喜欢给你点赞的女生们，你都要用笔记本记下来。

然后，你就顺藤摸瓜去研究她们的朋友圈，看她们每天都在做什么。看她们做什么，就知道她们在乎什么、喜欢哪些明星、喜欢吃什么菜，她们的作息规律是怎样的，等等。

比如，一个半夜还喜欢发朋友圈的人，一般是比较孤独寂寞的，就是身边睡个人，关系也一般，否则早就抱着没羞没臊地睡了。再比如，做了几道菜，然后拍成精美的照片发出来的人，应该平时很少做菜，一个整天做菜的人，才不会觉得这是什么大惊小怪的事情。所以，看一个人发朋友圈的时间、内容、配图等，可以大约读懂一个人的心思。

什么？有些人你看不到她们的朋友圈？默哀。

第二步：有效评论

让她们在自己的朋友圈点赞，那属于招商。

但还要引资，还需要建立密切互动的关系。这年头儿，点赞就等于骂人，也不值钱。大家都在点赞的时候，你要用心评论笔记本上记录下来的姑娘们的朋友圈。当然评论的要点，就是夸。有些人评论还铮铮铁骨，那叫“犯贱”。比如，有人发朋友圈说“刚买了一个包，真的不知道好不好看呢”，然后配一张自己背着包的照片。你以为这真是征求意见吗？错，准确的理解是：来看，我的包真好看。

再比如，有人发朋友圈说“唉，来法国太失望了”，然后发一堆在法国拍的照片。你以为这是在抱怨吗？错，准确的理解是：我来法国了，跟那些之前来法国的人相比，我是很高傲的。

这时候要多留言夸奖，不过这一步并不是让对方理自己，而是建立熟悉感。就如同一个人，总是出现在面前，你自然就觉得他是生活中不可或缺的一部分。

什么？你真的给出了想说的意见？默哀。

第三步：开始聊天

如果对方特别美滋滋地发了自己的自拍照之类的，你评论完朋友圈，应该立刻送上私聊，比如你拍得这么美是在哪里啊？记住，这里划个重点：

一定要用赞美型问句，不要用陈述句，也不要用简单的问句。

因为这样问她，她就会有对话的欲望，不回答她会很难受的。因为总觉得自己很美这事，应该要跟别人交流和探讨一下。这就是聊天的不二法门。如果一个姑娘愿意跟你聊上半个小时，那再发展下去也不难了。

什么？对方从来不回答你的私聊？默哀。

第四步：约会看电影

看电影是谈恋爱的过程中一个非常重要的动作，因为在一个黑灯瞎火的地方，两个人挨那么近，是有很多可能的事情发生的。而对一个女生而言，电影院又属于公共场所，所以在没有十足安全感的情况下，跟男生约会，她们更愿意去电影院。

当然，看什么电影也是很重要的，如果你看品位太差的电影，她会怀疑你的审美能力，所以要问对方选择题，最近上映了这么几部电影，你想看哪一部？看完后不要急着发表评论，否则很容易让对方觉得跟你三观不一致。先问对方：你觉得怎样？然后再顺着发表你的评论。

至于看电影中间要做什么，当然什么都不要做，只要靠得很近就很可以了。

看完电影在附近的天桥上一起看看夜景，感叹一下人生苦短，意思是及时行乐，也可以诉说一下自己跟她在一起多么开心。此时，应该用深切的思念。也可以问对方：你知道思念一个人的最高境界是什么吗？

对方说几个答案，或者说不知道。

你就可以说：是你在身边，我依然想你，因为想到不能天天这样在一起，就会很难受。

如果她望着车水马龙的街道，你可以盯着她。如果她也开始盯着你，你们就顺势 kiss（亲吻）。如果对方眼神逃避，那就送她回家。

什么？对方看完电影就打车急匆匆走了？默哀。

什么？你说你微信上就没几个人？

早说啊你。

如果是这样，请直接默哀。

女生如何撩一个男人

很多女生问我如何撩一个男生，我就觉得很奇怪，俗话不是说“男追女隔座山，女追男隔层纱”吗？或许，时代真的变了啊。那既然问的人多了，我就说说我的理解吧。

从进化论的角度来说，男人就是要扑倒，这样就可以快速完成繁殖的需要。女人进化重要的是需要安全感，因为在进化的上千年过程中，女人总是处于劣势，需要男人去捕获猎物来供自己生存，这样才能保证自己的后代得以存活。其实不仅是女人，连女鸟——好像很少有这么称呼一只鸟的哈——都如此。

《进化心理学》这本书中说：非洲有一种织巢鸟，当雌性织巢鸟靠近的时候，雄鸟就会倒挂在树枝上，用力扑腾翅膀以展示自己新建的鸟巢非常牢固。

此时，如果雌鸟被打动，就会飞入雄鸟的鸟巢，或推或戳，检查建筑材料是否牢固。整个过程大约会持续十分钟，而雄鸟则在一旁唱歌助兴。

在这个过程中，如果雌鸟发现建筑质量不符合要求，就会立刻离去，继续寻找其他雄鸟的鸟巢。通常，如果鸟巢被不同的雌鸟连续拒绝几次，雄鸟就会将它推倒重建。雌鸟倾向于选择那些善于筑巢的雄鸟，主要是想为后代的生存提供更好的保护。这种偏好在动物进化的过程中得到固化，最终演变为雌性对雄性生存资源和能力的考核。

人虽然进化得高级了点，但本质并没有改变。所以在现实中经常看到的情况就是，男人希望立刻上床了事，女人则希望百般观察，以确定这男人是否能够为自己提供足够的保护。这被女人们翻译成比较文艺的话，也就是爱了。

由此可见：男人追求女人要麻烦一些，因为对手是冷静的；女人追求男人会轻松一些，因为对手是用下半身思考的。

可悲的是，时代变了，现在女人也可以自立生存了，很多女人都进化成女汉子了，男人的繁殖压力也没那么重要了，于是女人喜欢女人，男人喜欢男人也不是什么新鲜事儿了。也就有了很多女人的困扰，怎么撩个男人就那么难呢?

但光明正大地提出这个问题，有些女权主义的人受不了，觉得女人就该等着被撩，主动去撩男人，还有什么节操可言？不过，转念一想，主动撩男人，才体现出女权不是?

要撩男人，首先要搞清楚男人的心理。男人在爱情里比较在乎两样东西：一是性资源的质量，二是资源的独占性。来，划个重点。

性资源的质量可以通过穿衣打扮、健身来实现。能否被独占，就是忠诚度了。我们往往观察到这样一个现象：男人要是出轨了，很容易获得女人的谅解。女人对男人出轨这事义愤填膺，但往往自己的另一半出轨了，却大概率地会原谅对方。而一个女人出轨了，男人却往往表现出恩断义绝的做派，由此引发的离婚率就会很高。

在这事儿的容忍度上，男人和女人表现出很大的差异。

所以，要让男人觉得这女人被自己独占，就要表现出对他的欣赏，并在众人面前给予对方足够的尊重。

男人这种动物是很犯贱的，说的我好像不是一样。在追求对方的时候，往往表现出极大的好奇心；但追求到手后，往往就会失去兴趣。原因是我们前面讲过的进化的观点，因为男人就是想通过多交配，来保证自己的基因有最多样化的遗传，而女人则不然。

所以，要撩男人，首先要拉长从认识到上床的时间，这段时间是两个人很重要的磨合过程，如果上来就直奔啪啪啪了，反而没有了来回磨合的耐心。

其次，不要让一个男人一次性迅速了解自己，留点儿神秘感，一点一点让对方发现自己的闪光点。这样就相当于给男人设置了一个又一个的诱惑点，让他对你充满了兴趣。一个人最吸引别人的地方，就是别人以为你这样，却发现你远远不止这样。

最后，给予他安全感，可以跟他一起去参加朋友聚会，中间可以跟他表现得很亲密。男人往往很在意炫耀自己的猎物，那就给他足够的面子好了。

其实，撩一个男人，只要自己不是长得太不堪，理论上都不会太难。就算长得很不堪，也总会有人喜欢。这个世界的审美是说不太清楚的，我一个哥们儿喜欢锁骨突出的女人，另一个哥们儿喜欢纹身的女人……从这个角度来说，世界上没有丑的人，只是没有遇到能够审得了你这款美的人。

关键是撩到了以后，怎么持久的问题。我记得刘瑜讲过一个观点：任何一个稳定的爱情，都是一个人做园丁，一个人欣赏风景。而在做园丁方面，男人往往都是比较弱的。所以，女人应该看明白，如何经营是个大智慧。

这个智慧的前提是不要为了一个男人放弃自己的工作，不管这份工作多么不值得一提。因为完全围绕着男人，男人心里当然开心，因为多了个保姆嘛。但时间久了，就对你没有兴趣了，因为你的视野完全受限了，也就让对方没有好奇心了。

遇到关键问题，要做男人的思想工作。我始终觉得女人进化得比男人要高级一些。我们家里有任何矛盾，我太太都是把我拉进书房说：来，我们聊聊。然后，两个人掏心窝子说说彼此的看法，往往都能达成共识。

如果已经上床，就拉短从上床到婚姻的时间，因为婚姻就意味着财产共享。这会让男人放弃的成本增加，也会让一个女人的权利得到保障。

今天聊这些，我觉得身为一个男人，我是吃里扒外了。

所谓承诺，就是自知

爱上一个人，从来就跟结婚与否没关系。这是很让人失望的一个现实。比如刚开始，你或许觉得真爱无敌，而在真爱里你觉得两个人的感觉最重要，但感觉这事儿太不靠谱了。在我看来，任何说不清楚的事情都是不靠谱的。爱上一个人的那一刹那是靠感性的，但是长久地爱一个人，一定是来自理性的。

其实，很多人不明白自己需要的到底是什么，因此也就容易被各种需求所诱惑。其实，一个不明白自己需求的人，跟谁相爱都是错的，因为他对爱情的理解经常会发生变化。

那么，你可能会问：一个人该怎么了解自己呢？

我们首先做一个假设：假如有一天，这世界发生了一场灾难，就剩下了四个女人，分别是陈圆圆、潘金莲、武则天和周莹。你只能选择一个人结婚，你会娶哪一个？

如果你立刻就想推倒陈圆圆，那后来发现智慧的女人更有魅力呢？那你见到周莹就会立刻被俘虏。所以这个时候，你最需要问的，不应该是“我喜欢哪一个”，而应该是“假如我要找一个人结婚，我最在乎的是什么”。

你最在乎的是长相、性和谐、家庭背景、星座、厨艺，还是性格？你可以把自己在乎的全部都列出来，然后每一项满分 100 分，你可以把这 100 分根据你的了解分配给每一个人。为了说明这个问题，我帮大家做了一个表格：

考量要素	陈圆圆	潘金莲	武则天	周莹
长相	40	40	10	10
性和谐	50	40	1	9
家庭背景	10	10	50	30
星座	20	20	30	30
厨艺	25	25	25	25
性格	40	40	10	10
合计	A	B	C	D

（上面表格中的数字根据你自己的理解分配，横向合计为100即可。）

当然，在打分的时候，每个人的理解是不同的。比如，厨艺再好的川菜厨师也敌不过你喜欢吃粤菜。因此，这是一个因人而异的评分，只要你自己接受即可，幸好将来生活在一起的也是你。

打完分后，你是不是觉得应该娶那个得分最高的？如果你这样做决策，就太傻了。因为这个表格最大的问题就是把所有要素同等看待，这显然不合理。每个人看重的要素是不同的，比如有人可能特别看重性和谐，而有人可能特别看重性格。

所以，需要给考量的要素分配一个权重。如果权重总计100%，而你特别在乎长相，就给长相分配30%的权重，你其次看重性和谐，那就给性和谐分配25%的权重，这个权重的值是你自己来评估的。那么，这个图就变成了下面这个样子：

考量要素	权重（100%）	陈圆圆	潘金莲	武则天	周莹
长相	30%	30%×40	30%×40	30%×10	30%×10
性和谐	25%	25%×50	25%×40	25%×1	25%×9
家庭背景	10%	10%×10	10%×10	10%×50	10%×30
星座	15%	15%×20	15%×20	15%×30	15%×30
厨艺	5%	5%×25	5%×25	5%×25	5%×25
性格	15%	15%×40	15%×40	15%×10	15%×10
合计		A	B	C	D

（上面表格中的权重合计应该为100%。）

把权重乘上每项的打分，然后得出来的数字纵向加和，娶那个得分最高的即可。

你会不会觉得，这样决定婚姻这种事情很傻？我也觉得很傻。曾经，我的一个朋友在听完我这个决策模式后，立刻抓住我的胳膊说：太好了，我正好用你这个方法做个分析，因为我有五个女朋友。

我说：你怎么没被打死呢？

他说：我都在接触，又没确定关系。

我说：你用这个做分析可以，但鉴于是我的版权，所以我有一个条件，等你结婚的时候给我个反馈，这方法到底是有用还是没用。

后来那个朋友结婚了，跟我说：我跟当时得分最低的女孩儿结了婚。

我说：踢场子啊，你人生的幸福不该用在跟我较劲儿上啊。

他说：其实是因为我有一次生病，只有这个女孩来医院照顾了我一个月，我当时一感动，就决定跟她结婚。

哪里出了问题？其实，是他的标准改变了。在他做这个表格的时候，可能其他要素的权重是高的，而后来他把“陪伴，对自己好”的权重提高了。

其实，哪怕你最终非要跟我的这个决策模式对抗，或者头脑一发热很感性地娶了这个表格里得分最低的那个女人，你也应该很理性地知道自己放弃了什么。这样，以后你就不会见异思迁了，因为你得到了自己在乎的，这就是承诺。而婚姻里所谓的承诺，就是你始终自知。

女人的三件要紧事

一个女人在结婚前，是最受宠的，因为男人要追求一个配偶，会用尽各种心思、各种讨好的手段。此时，女人就会产生一种错觉，觉得婚前婚后，不会有太大变化。如果你这样想，就有些过于天真了。

其实，男人是很务实的，搞定你结婚，搞定你生孩子，搞定你照顾父母，搞定你持家，然后他就忙别的事情去了，目的是非常明确的。女人在这中间因为身份和地位的转换，会产生一种巨大的心理落差：当初追求人家的时候，花前月下叫人家“小甜甜”，现在新人变旧人，喊人家“牛夫人”。接下来，我站在一个男人的角度给女人提几个建议，让女人不至于在被人喊“牛夫人”的时候才惊醒。

首先，一个女人永远不要放弃自己的事业，千万不要全身心地回归家庭，甘心做一个家庭主妇。因为这样做，一是让自己的视野受限，每天就是那点儿鸡毛蒜皮的事情，说的都是菜市场的价格，隔壁老王的老婆换了辆新车。试想哪一个上班本来就很辛苦的男人，下班回家还喜欢这样唠唠叨叨的女人？二是会让自己在财务上完全受制于男人，会让男人产生他养着你的错觉。三是从此自己在人格上就很难独立，因为依附必然带来的就是懦弱。

我所说的这个事业未必是多大的一件事，哪怕就是一份简简单单的工作，也会让自己赢得尊重，因为你不放弃自己谋生的能力。一份工作可以让女人充满斗志，这样每天出门才有心情梳洗打扮，在身体管理上都会保持警惕。如果你总窝在家里，失去了斗志，当然就会在黄脸婆的路上狂奔。

另外，我觉得有工作的女人，会充满魅力，因为她对跟工作相关的事情会有很多自己的看法，看问题的视野也会很开阔。你知道男人为什么都有“制服诱惑”的情节吗？其实，是制服所带来的职业魅力。

所以，如果一个男人跟你说：别工作了，我养你。

你应该说：养我的钱每个月定期给我就好了，但工作，我不会丢掉的。

其次，千万不要跟婆婆公公一起居住。我不排除有些婆媳关系很好，但只要有条件就不要冒风险。哪怕给老人在自己的小区里租一个房子住呢，也不要住在一起。你知道住在一起会有什么问题吗？会滋生出大量的本来不该有的矛盾。

比如小两口吵架，如果单独住就是两个人的问题。但如果父母在，吵架就会涉及彼此的尊严，甚至还会上升到孝顺与否的问题。本来两个人很快就偃旗息鼓的事情，结果因为父母的旁观，而升级成更恶劣的争斗。

我有过这样的经验。我母亲说想吃北方菜，我太太说想要去吃料理，我就觉得她怎么这么不孝顺，怎么这么不懂照顾老人，怎么这么没人情味儿，怎么……这么想下来，她简直就不是人。而且因为母亲大人在场，我就要表演得更加强硬一些，以表示我是多么的孝顺：必须吃北方菜，反了你了。这样的事情，非常伤害夫妻感情。如果男人再不懂得事后弥补，伤害就会越来越大。

这么说吧，很多夫妻其实根本不会离婚，但因为父母在旁边观战，最后没办法只能假戏真做，分道扬镳。

孝顺的方法有很多，但最不合适的就是住一起。古语有云：近则不逊，远则怨。意思就是靠近了就会有诸多不尊重，而现在人在家里都想自由一点，稍微的触犯可能都会被父母上纲上线，甚至周末想睡个懒觉都会被对方的父母认为是天生懒惰不思进取。而离得远了又会有怨言，这个问题经常来往、走动送礼即可解决。

最后，女人一定要有脱离男人的某个爱好。女人并不是男人的附属品，并不是男人做什么你都要陪同。在两个人诸多共同的兴趣之外，发展一个独特的爱好，比如插花，比如烘焙手艺，比如摄影……

发展一个特别爱好，会让一个人保持心灵的独立性。也就是除了家庭外，我有一个自己的心灵空间，这样在家庭遇到诸多不顺的时候，不会觉得末日来临。如果你把所有关注点都放在男人身上，就会失去自我。这样一是会绑架男人，让对方觉得很心烦；二是会让自己找不到心理的寄托，在伤害到来的时候，找不到可以暂时宁静下来的港湾。

反而有一些特别爱好的人，会让人觉得趣味儿十足。你知道一个人怎样叫有趣吗？就是别人觉得你应该会A，没想到你竟然还会B，这种超出心理期待的部分就是一个人有趣的来源。

一个女人一定要有一个自己的世界，
你的生命不是完全被男人掌控。

希望每一个善良的女人，
都有配得上的幸福。

但你的幸福，

一定不是等来的，

而是自己用心经营出来的。

小心九种人

婚姻大事，幸福攸关，不可不察。以下这九类人，须小心交往。

嘴贱的人。这类人嘴往往比脑子快，说出的话往往一剑封喉。跟这样的人结婚，往往会折寿，哪壶不开提哪壶是这类人的特色。虽然你可能是受虐型人格，觉得会习惯，但我依然不建议你和这类人结婚。因为这类人的嘴贱，很容易惹来是非，万一有一天被人打死，你就成了遗孀，得不偿失。

极度自恋的人。这类人很可能是童年缺乏爱与存在感，所以表现出极度自恋的人格。他们通常觉得这世界上没有人真正爱自己，所以他们的爱很难持久，隔三差五就会换个人爱。这种追求新鲜和刺激的本质，是他们觉得这世界上没有一个人像他们自己那样爱自己，这种人不会把爱放在一个人身上。所以，如果要和这种人走进婚姻也要小心，问自己是否做好了他随时移情别恋的准备。

有暴力倾向的人。他们奉行的原则是能动手就别瞎嚷嚷。和这类人谈恋爱的时候，女人会觉得他们特爷们儿，该出手时就出手，风风火火闯九州。但问题是，他除了打外面的人，也会打家里的人。人的行为会呈现一致性，家暴这事往往是零和一百的关系，要么没有，要么很难改，有一就有二，有二就有三，有三就有四，然后二二三四再来一次。为了避免被家暴，还是做朋友为好。

不孝顺父母的人。一个人不孝顺父母最直接的原因就是寡情，寡情表现在爱情里就是薄情，薄情的人很难长情，往往比较自私。一个人的人情味儿就体现在对父母的态度上。孝顺父母并不是唯命是从、唯唯诺诺，而是能做到情感的连接，比如逢节假日嘘寒问暖，父母生日都能惦记在心。这样的人的原生家庭里不缺爱，所以才能更好地爱其他人。

跟你在一起还一直玩手机的人。这类人不是不玩手机，而是一直玩手机。这类人的生活往往都比较虚幻，因为他们的世界都在手机上，在手机的社交软件里，在手机的游戏世界里。他们很容易脱离现实世界，玩手机的时候沉浸其中能风生水起，在现实生活中却往往无法自理。这类人因为过度依赖手机，表现出严重的情绪化、易怒的倾向，而且不善与人沟通。除非你也喜欢玩手机，你们要双机合璧，否则不要轻易嫁给一个“手机人”。对的，这类人已经进化到了手机人，就是半人半手机的状态。

酗酒的人。这类人往往是生活缺乏自律的人。一个生活缺乏自律的人，就很容易让生活品质变得很差。另外，酗酒很容易影响脑部神经，容易造成创伤，变得反应迟钝。小酌怡情，酗酒伤身。一个嗜酒如命的人，只能敬而远之，不可“亵玩”焉。

从来不读书的人。这类人往往很难与他人有深层次的沟通。如果恋人之间没有精神层面的沟通，那是一件很悲哀的事。读书可以促进一个人素质的提升，能让人安静下来去深思一些问题，而不是每天活在肤浅的鸡毛蒜皮当中。

喜欢羞辱责难不如他的人。有句话说，一个人的素质就体现在对服务员的态度上。有些有点地位的人，动辄就对别人恶言相向，花点儿钱就觉得自己是大爷。浅了说，这类人修养不够；深了说，这类人素质较差。一个人的厉害不是通过羞辱不如自己的人来体现的，而是通过能够谦卑和尊重他人来体现的。跟这类人结婚，只要出门，就会跟着丢人。

满眼都是缺点和抱怨的人。这类人觉得世界上全是缺点，别人都对不起自己，觉得这世界都欠自己的，所以遇到点挫折就抱怨连天，遇到觉得不爽的事情就恶言相向。跟这样的人结婚，就如同养一个孩子，而且是一个情商发育严重不足的孩子。你说操心不操心。

那这九种人就不配拥有爱情了吗？也不尽然，毕竟爱情这事儿，没有宇宙定律，也没有国际标准。一个人喜欢另一个人，不是要求对方有多么完美，而是他的某个特点正是你所喜欢的。我们讨厌一个人也不是因为对方没有优点，而是你在意的优点恰好没有在他身上体现。

这世界上最好的感情，就是对方的优点你正好欣赏，对方的缺点你正好不在意。这种感觉就如同西门庆遇到潘金莲，登对儿。

第四部分 懂婚姻

反正跟谁结婚都会后悔，

与其再找人痛苦磨合一次，

还不如就死在熟人手里。

我是如何在婚姻里一步步活到今天的

我一直是一个不怎么相信星座的人，因为我觉得自己最喜欢的星座，就是结婚前老婆的星座，我觉得自己最讨厌的星座，就是结婚后老婆的星座。逻辑没毛病。我是水瓶座，我老婆是摩羯座。一个星座大师看完后，语重心长地对我说：这就是个悲剧啊。

确实很悲剧啊。在别人眼中，我们就属于三观特别不搭的那种夫妻。我喜欢旅游，我老婆喜欢梦游；我喜欢王菲，我老婆喜欢张柏芝；我喜欢睡觉不穿衣服，我老婆喜欢睡觉穿睡衣。我想来想去，我们就一个地方相似，就是都住在同一个地方。那你可能要问我了：既然如此，你是怎么活下来的呢？

首先，要学会忍。

我觉得两口子过日子，先要学会忍受对方。忍不是窝囊，而是既然要长久地生活在一起，那就不较劲了。忍的方法就是，每次觉得自己快要忍不了的时候，对她说：好的，没问题。

比如出去吃晚饭，她非要去吃海底捞，我非要去吃肯德基，我就说：好的，没问题。然后，我打包带肯德基去陪她吃海底捞，反正海底捞服务好，又不谢绝外带食品。

为什么忍不了的时候还要说“好的”呢？因为当你说“好的”的时候，思维就会逆向回来，毕竟从古到今发动叛乱的人都没什么好下场。想想汉朝的“七国之乱”，唐朝的“安史之乱”，叛臣都没好下场。其实忍的真正原因是，这世界上反正跟谁结婚都会后悔，与其再找人痛苦磨合一次，还不如就死在熟人手里。

培根的一句话点明了这事的真相：试想，你居然有耐心能忍受这样的伴侣，难道不感到自豪吗？

其次，学会意淫。

一个人忍久了终归会出事情，所以必须要找到一个情绪的宣泄口，也就是要学会意淫。意淫是一个极好的工具，在鲁迅笔下叫“阿Q精神”，在哲学家那里叫想象力。简而言之，就是利用假想的力量，让自己活得精神愉悦，不再计较现实生活的得失。

最能意淫的人是托尔斯泰。作为一个大文豪，托尔斯泰觉得自己太优秀了，以至于根本不屑于和自己的妻子交流思想。特别是在中年后，他对新宗教产生了一系列信仰，如憎恶私有财产、同情基层农民，甚至要放弃自己的版税，等等。

但他的太太索妮娅觉得：你就是一个在作秀的人，你自己根本做不到这些，却在那里侃侃而谈。于是乎，托尔斯泰就觉得，这女人根本无法与之沟通。怎么办呢？总要活下去吧，他就开始写作。所以，伟大的作家背后往往有一个无法沟通的妻子，所以他才在书中表达着自己的想法。

我为什么是一个伟大的作家，你们一想就明白了。

意淫的最佳方法就是写作，把现实中发生在自己身上无法排解的情节，编成一些可笑的场景，博自己一乐。如果你不擅长写作，也可以在脑海中自己导演一场戏，在戏中让自己调戏她一番，然后哈哈大笑。所以要记得，如果你看到另一半正在哈哈大笑，你或许正在她脑袋里演一出戏——你正在被击毙。

我老婆每次跟我吵架，我就会导演一场戏，我跟林志玲的关系被她发现了，此刻她正在怒气冲天……

最后，学会放手。

对于谁在家里是真正的老大这件事上，或许会磨合很久。我们家最终的结局就是我赢了，我成了家里的“皇帝”，而我老婆成了“慈禧太后”。对于家里鸡毛蒜皮的事情，没必要时时事事争夺控制权。毕竟有控制权的人，都是要多做事情的。比如：我从来不争夺厨房的使用权，所以我也基本不做饭；我从来不争夺家里的卫生权，所以我也基本不打扫房间。当然后来，她也发现了这个问题，于是我们家里多了一个保姆。

不必每件事都较劲，懂得适时放手，这样才能活得久。任何事情都要睚眦必报，都要争个我输你赢，最终把责任都揽在自己身上，你还有什么精力去拯救世界？你哪里还有时间去维护世界和平？

为什么可以忍？为什么要学会意淫？为什么要学会放手？因为这样就可以避免离婚，而避免离婚最大的好处就是，不用分一半财产给她。

有个朋友跟我说：但是你不离婚，所有财产都是她的。

我已经跟这位朋友绝交了。

发誓太多，会被雷劈吗

很多人结婚前爱得死去活来，离婚时如仇敌般对待彼此。很多人就纳闷了，当初爱的那个人为何后来变了呢？当初发过的誓言，为何如过眼云烟一去不复还呢？

这事还真的挺复杂的，哈佛大学心理学家吉尔伯特（Daniel Gibert）和他的同事进行了一项研究，他们发现：大多数人都承认在过去的十年里，自己的品位、价值观甚至人格都发生了巨大的改变；但被要求预估一下自己未来十年的变化时，大多数人都坚称十年后的自己和现在变化不大。

吉尔伯特说不管在什么年龄，人们总是倾向于认为过去的经历已经完成了对他们加以塑造的过程，现在的自己可以说已是最后的自己了。吉尔伯特将这个错误的信念称为“历史终结的错觉”，而事实是，未来十年的变化的剧烈程度并不亚于过去十年。

这种错觉是由两个因素导致的：一是人们更愿意相信自己对自己是了解的，并认为未来是可以被自己预测的，而且人们倾向于认为从现在到将来是可以被自己识别的；二是人们很容易从过去的事件中分析判断，但因为对未来一无所知，所以很容易盲目乐观。

所以，当一个人在结婚前回顾往事，觉得这一生就会在眼前这个爱人身上终结。其实，他完全想不到，未来十年的变化，同样也会超出自己的想象。心理学家跟踪了大量样本发现，人们经常觉得随着年龄的增长，自己会越来越难以改变。但是研究显示，从个体的角度来说，每个人都会比自己想象中的改变得更多。

问题就来了，既然一个人是始终处于变化中的，那么他轻易许下的诺言，是否是有效的呢？

在我看来，诺言本身没有问题，因为诺言就是截至相爱的那一刻，根据当事人的认知，他真的会做出那样的许诺。不必怀疑他此刻的真心，也不必准备好雷劈，因为一个人不仅会有"历史终结的错觉"，也会有跟你相伴终老的终极愿望。

但同时，也不要以为诺言许下就会自动生效，因为人是始终处于剧烈的变化中的。这个变化不仅包括财力、人际交往的范围、自己的社会地位、一个人的认知层次等，还包括了外界环境的变化。人类正处于巨大的变化中，旧的价值观正在被互联网击碎，新的价值体系又没有建立。处于变化的社会环境中，一个人内心的动荡可想而知。

所以，我们说“你变了”，是很正常的，因为心理学的研究显示，每个人都会变，而且这种变化都会超出自己的认知。关键问题并不是“你变了”，而是“你虽然变了，但你依然没放弃”。因为不放弃，就可以调试变化中的彼此。

虽然在未来，我们都知道一个人会变，但在变化中我依然不停地调试跟你的关系，从开始的羞涩之恋，到后来的甜蜜之恋，再到后来的没羞没臊之恋，再到后来的如同左右手之恋。每个阶段的恋，都有新的表现形式，也会有不同的相处模式。

最怕的是，一方拒绝承认变化，觉得一个人就该从一而终，当初我爱上你是什么样子，后来你也应该是什么样子。如果是这样，那不是恋爱，是僵尸的梦想啊。

相信每一次别人对你说的诺言，
因为那真的就是他此刻的判断。
也要相信人是会改变的，
在改变中，
彼此调试。
而不是停滞不前，
就知道抱怨。

忠于灵魂，还是忠于肉体

跟一个人相爱，跟无数人做爱，可能吗？

90% 的女人都觉得不可能，她们说：女生的身体很诚实，不要说和无数人，即使是和你曾经爱，现在却不再爱的人亲密，都会有不适感和疏离感。心灵的孤独在那刻达到最高峰。

50% 的男人却模棱两可，觉得这个问题本身，就是一个很奇怪的问题。所以你就不难理解，为什么男人从古到今在性交易市场上就是主要采购者。貌似在男人这边，对此事有着诸多的宽容声音。

我先给大家讲个故事吧，这个故事来自托尔斯泰的经典著作《安娜·卡列尼娜》。这本书我读过很多遍，裘德洛主演的同名电影上映我就跑去看，看完还是有一个问题萦绕在我的心头，这个问题从我读这本书开始就有了。那就是，我到底该如何评价安娜·卡列尼娜这个女人。

这本书讲的是两段婚姻的故事，我们只把镜头对准安娜这一段。安娜在 17 岁的时候就被她的姑妈做主嫁给了比自己大 20 岁的卡列宁。这位卡列宁先生当时已经是俄国最年轻的省长了，而且仕途一帆风顺。两口子有了一个孩子叫谢廖沙。按说，这小日子过得风生水起，外人看起来妻贤、子孝、夫有权和钱，这是多少人梦寐以求的生活啊！

所以，我经常说，不要去羡慕什么人，大家都是人类，任何人都有自己的苦恼，只是形式略有不同，但苦恼的本质是一样的。安娜婚后的第10年，她遇到了一个年轻的军官沃伦斯基。沃伦斯基看到安娜的第一眼就爱上了她，此时的安娜正散发着那种少妇的成熟之美。因为沃伦斯基穷追不舍，安娜也很快爱上了他。这个逻辑略有点奇怪，对吗？你爱我，所以我爱你。

其实，谁爱你不重要，你爱谁很重要。你不能因为一个人爱你，你就一定要爱他。安娜为什么爱上了沃伦斯基呢？因为她的老公卡列宁并不爱她。卡列宁对她说过“因为你是我的妻子，我爱你”，而不是“我爱你，所以我才娶你为妻”。安娜识破了这一点，两个人之间所谓的爱情，都是卡列宁装点门面的手段罢了。

关键是安娜得不到任何被爱的感受，虽然卡列宁从来不拈花惹草，安娜提的所有要求他都满足，他甚至可以每个礼拜抽出一天时间专门陪她。很多读者可能跟我刚开始读的时候一样，觉得很难理解：安娜这是犯贱啊，身在福中不知福。

但如果你再仔细思考一下，又觉得她情有可原。以至于托尔斯泰在谈起这个人物时，也是矛盾重重，原本他打算塑造的是一个“轻浮但罪过不大的女子”。但正如《包法利夫人》的作者福楼拜所说的那样：当小说写完，小说的作者就失去了对人物的裁决权。其实，在小说作者的写作过程中，小说里的人物就可以摆脱作者的束缚，反过来绑架作者。因为你会发现，写着写着，你就只能如此写她。所以最后，安娜在小说中挣扎着，成了一个让人心痛的女子。

丈夫卡列宁永远彬彬有礼，他的生活充满了表演，甚至对自己的妻子。安娜也觉得丈夫没有什么可指责的地方，所以她经常恨自己，觉得自己无法爱上一个其他人都觉得可以爱的人。如果是朋友关系就完全没问题，但夫妻这种客气、造作和虚伪，在安娜看来，绝不是爱情。

在安娜思考这个问题的时候，沃伦斯基正好出现。所以一个人的出轨，并不一定是出轨的对象有多好，而往往是自己正在失落，而对方的出现刚好填补了这个空白。

在一个酒会上，安娜和沃伦斯基表现得非常亲密，卡列宁在场觉得受到了羞辱。试想一下，如果是你，自己的恋人在一个公开场合跟别人打情骂俏，你肯定忍受不了。但卡列宁是一个政客，你也可以说他很有修养，他想对安娜说明四点：一是舆论和礼仪的重要，二是结婚的宗教意义，三是暗示他们的儿子可能遭受的灾难，四是暗示她自己可能遭受的不幸。

在这份爱情里，卡列宁永远都是缺位的，哪怕是看到自己的妻子光明正大地跟别人调情，他都不会想到：我如此爱你，你为何如此对我？回到家后，卡列宁对安娜说：你是否意识到今天你的行为已经引起了周围人的注意？安娜心里想的是：你此时竟然想的还是别人的看法，而不是自己的伤心，看来你也没伤心。安娜应该在此时彻底断了对卡列宁的幻想，毅然决然地投入了沃伦斯基的怀抱。

很快，安娜和沃伦斯基有了孩子，安娜希望卡列宁同意她的离婚请求，但卡列宁不同意，这就激起了安娜更激烈的反抗。“我知道自己不能再欺骗自己了，我是活人，罪不在我，上帝生就我这样一个人。我要爱情，我要生活。”

最终，她投身于火车下，香消玉殒。她不但出轨了，还卧轨了。

这是一个女人的爱情观，我的肉体忠于我的爱情，爱没了，关系也不可再维系，因为身体骗不了自己。这里存在一个很大的悖论：一个女人因为没有爱情，跟另一个男人私奔了，这是追求自由的爱情；而一个男人因为没有爱情，跟另一个女人私奔了，却往往被骂为渣男。

所以，一个人能不能只跟一个人相爱，跟无数人做爱，安娜的答案是：不能。

我再结合卡列宁分析一下男人怎么想的。卡列宁并没有出轨，但对妻子出轨这件事，他觉得自己可以接受，甚至能理解安娜为什么这么做。或许在他看来，一方厌倦了在外寻找一个性爱伙伴，可以维持家庭的平衡。卡列宁这个逻辑，你会不会吓一跳？

所以，卡列宁完全可以接受回头的安娜，甚至如果安娜不提出离婚，他都可以忍受。卡列宁有卡列宁的悲剧，他的悲剧在于不懂爱，甚至爱的独占性他都可以放弃。如果安娜不说，就这么维持着跟沃伦斯基的关系，如果安娜不那样坚贞地追求爱情，这份婚姻或许可以白头偕老也说不定。

分析完两种立场，我必须最后说一下我的结论了。

爱和性，肯定是可以分离的。你不想分离也不行，岁数大了，性自然就和爱分离了，那时候仅剩下彼此的爱。你再想想一些被强暴的案件，就能理解爱和性能不能分离不是一个问题，性是不是必须在爱上，才是一个问题。

女性因为生育的重任，往往会要求性必须对爱忠贞，因为如果不如此，就会增添很多对手，让下一代的抚养有重大问题。但随着流产和代孕技术的发达，这一信念一定会遭遇重大挑战。我就在网上看到不少女的说：他在外怎么风流都可以，只要回家就行。

有爱有性当然是我的首选。但如果有爱无性，我亦可以接受，毕竟对一个哲学家来说，性已经没那么重要了（这话说得我自己都觉得肾亏）。无爱有性，我觉得会让自己陷入巨大的虚无里，如同叔本华说的：当你啪啪啪结束，就立刻听到魔鬼的微笑。费这么老大劲干这事，空虚不？无聊不？

如果你也有自己坚守的信念，坚持。
毕竟这年头一个人还真正拥有的，
也就自己那点儿信念了。

用超我找回道德感

如果你看过米兰·昆德拉的《生命不能承受之轻》，你肯定还记得他对灵魂与肉体的探讨：一个人总是追求灵与肉的和谐统一，正是这种追求造成无数人的痛苦。小说中的托马斯是一个外科医生，离异多年，拥有众多的情人，生活风流而快活。他的价值观是，爱情与性是互不相干的两件事，爱情是爱情，性是性。爱情应该有性，但性未必带来爱情。他甚至认为让性对爱忠诚，是造物主最荒诞离奇的想法。

每次扑倒一个女人，托马斯都会有一种成就感，这种快意让他“仿佛又征服了世界的一角，仿佛从宇宙无尽的天幕上切下细薄的一条”。真是“性事上瘾深似海，从此节操是路人”。

这一价值观驱动着托马斯的行为，所以他一边深爱着特蕾莎，一边又和不同的女人做爱。他自认为自己在爱情上是忠贞的，在行为上却是放荡的。他并不认为自己有任何问题，因为在他眼中，爱和性没什么关系。所以，他自认为自己深爱着特蕾莎，自从他认识了特蕾莎，“没有任何女人能够在他头脑的一个叫‘诗化记忆’的地方留下印记，哪怕是最短暂的印记”。

而特雷莎则不同，她渴望灵与肉的绝对统一。但是托马斯却把她混同于其他女人，对她们的身体施以同样的爱抚，在性爱上给予同等的待遇。这样两个不同价值观的人结合，可以想象得出特蕾莎的生不如死。爱情的唯一性、灵魂的独特性，都不能在性的独占性上实现。于是，她满怀嫉妒，至死方休。

米兰·昆德拉指出了这一冲突，但是并没有给出解决方案。或许在他看来，这事也无解。这种无解就造成了当下众多的爱情事故，怎么办？

或许，弗洛伊德给出了解答。他的三种人格，虽然一再受到非议，但对我思考这个问题却大有裨益。

弗洛伊德认为人格有三个组成部分：本我、自我和超我。“本我”就是基本的生物冲动，不仅有性，还有饥饿和口渴的冲动。“本我”只受“快乐原则”支配，它要求人不顾道德、安全、逻辑和理性等一系列因素，立刻去满足自我的需要。

“自我”会想尽办法去满足“本我”的需要，但被“事实原则”所训练，所以在满足“本我”的同时，又要力所能及地避免痛苦。

“超我”是根据自己已有的一套关于是非对错的准则，保证“自我”“本我”的需要，并找到合乎道德的满足方案。如果你违反了“超我”的警告，你得到的最大惩罚就是：内疚。

比如，你看到一个美女，非常想跟她发生关系。你的“本我”对你说：上，扑倒她。首先，听到“本我”这个声音的是“自我”，因为它负责保护你，它可能会说：不，那会被抓起来，不如我们去偷拍她吧。“超我”知道这事儿，必然大怒：你不能那样做，那是不道德的，如果你那样做，我会让你羞愧内疚一辈子。于是，你可能想：算了，看看就好了。

按照弗洛伊德的理论，我们回到前面托马斯这位做爱小能手的问题上，他的“本我”就是做爱，疯狂地、无休止地、不分对象地发泄。他的“自我”帮他扑倒了一个又一个的女人。他的“超我”没有对他进行任何阻止，因为他的“超我”道德体系出了问题。

“超我”的道德是让灵与肉和谐的唯一方法。那么在灵和肉这两者之上，应该有怎样的“超我”道德呢？

我认为首先是不欺骗。如果你的道德观就是觉得灵与肉可分，那你应该跟恋人如实相告，如果对方也认同，你们就一起。如果彼此不能接受，就分开。如果不坦诚相告，即为不忠。

其次，“己所不欲，勿施于人”。如果你认为可以放纵自己的肉体，而只爱对方，那么你也应该接受对方只爱你，而跟很多人发生肉体关系的行为。如果灵与肉可分的道德只对自己有用，那就不是道德，是道德败坏。败坏的道德就是此道德内外有别。

最后，一个人的“超我”要逐渐完善，因为只要是动物，就会具备“本我”和“自我”的能力。而人作为更高级的动物，在“超我”上应该有更高的道德要求。“超我”的提升必须伴随着反省，比如明白纵欲所带来的只有肉体的快感，它无法获得因为唯一对一个人所带来的安全感和精神上的享受。如同托马斯在扑倒一个又一个女人的同时，他也失去了女人们在他身上的专情，即便是专情也很快演变成怨恨，从而失去一份爱情真正该有的滋润。

所以灵与肉到底能不能统一，

这个问题的答案，

在你，

在超你。

798桥艺术空间
CAFE FLAT WHITE
COFFEE

第五部分

懂失意

富人们并不因为自己拥有的而感到快乐，却常因为曾失去的而感到痛苦。

迪克·格里高利如是说。

因此，与其想自己拥有什么才快乐，不如去思考自己失去什么就不快乐。

失恋的人

一个女生告诉我，自己爱了五年的男人，劈腿了。其实也不叫劈腿，人家本来是离婚了的，但是在跟她谈了五年后，那个男的决定复婚了。这狗血的剧情啊，我脑补了十种故事情节了。你到底做了什么，才让这个男人毅然决然“回心转意”的啊。

另一个女生说自己的欲望非常强烈，强烈得把自己的男朋友给吓跑了。这色情的剧情啊，我脑补了看过的所有爱情动作片都没缓过神儿来。这怎么跟别人说啊？别人问：你为什么分手了？你说：干得分手了……

两位女生在邮件里都字字血泪，泣不成声。

隔着屏幕我都能感受到她们那抓耳挠腮的痛苦。

众所周知，我是一个失恋达人。

我不敢说自己恋爱经验多么丰富，

但我有丰富的失恋经验，

所以在这件事上，我确实可以指点一二。

我们首先直戳问题的核心：失恋为什么会痛苦?

在我看来，失恋的痛苦就是自己的欲望没有得到满足。

比如，一个人的欲望是想跟对方直奔婚姻，

结果半路这感情夭折了，

这叫目标没有达成。

比如，一个人付出了很多金钱让对方事业有成，

结果事业有成后，人没了，

这叫投资的欲望没有满足。

所以，你要化解痛苦，就要扪心自问：

你对这份感情的欲望到底是什么?

如果是对钱的渴望没有得到满足，

这好办，去跟对方谈，谈不拢，就闹，

闹不成，就打官司。

想想《秋菊打官司》和《我不是潘金莲》。

如果你累了，心想算了，这事儿也就过去了。

如果是结婚的目的没有达成，

这事儿很好想得通，
恋爱，本来就不一定要结婚啊。
况且，这种背叛你的人，现在离开岂不是更好？
如果结婚了再离开，你还得背上二婚的名声。

如果是性生活从此得不到满足，
这事儿更简单，随便是个男的都原装了这个功能，
再找一个便是。

苏格拉底说：认识你自己。
想想自己的哪方面欲望没有被满足，然后对症下药。
而不是，哭哭啼啼，如同死了老公一样。
好吧，就当他挂了。
到处去跟别人诉说，那不成了失恋的“祥林嫂”了吗？
著名作家沃兹基（我自己）曾经说过：
人这一辈子很长，
长到失败、跌倒或爱上几个人渣都没什么了不起的。
只要你愿意，随时都可以重新来过。
人这一辈子很短，
短到没有精力与时间去恨那几个人渣，
惋惜那几次失恋，
悔恨那几次挫折。

对不爽，说再见。

对不起，我的时间很宝贵，没精力与你纠缠。

如果你还是想不开，我再给你几个建议。

每一次失恋，都是在为真爱让路。

如果不失恋，别人怎么可能敢爱你。

此所谓，没有裂痕，阳光如何才能照射进来？

如果你恨他，

就此别过，让他继续去祸害别人。

如果你爱他，

就此别过，让他继续去美好地生活。

不管爱或恨，学会放手很重要。

放手后，你可以去旅行，

你可以去报个班，学习成长，

你可以学美术，爱上一种优雅的生活，

你可以参加各种聚会，

开始发现生活的更多可能。

唯独没有必要的就是，不停地可怜自己，

最终把自己都感动了。

每天以泪洗面，真把自己当刘备啊。

如果你说，道理我都懂，但我还是放不下。

你走开！

我忍你很久了。

就你这样，

哪个人能受得了你啊。

结婚与离婚

结婚和离婚是感情的两个极端。爱一个人不到极致，你不会轻易与之结婚；对一个人不失望到极致，你也不会轻易与之离婚。你不跟一个人结婚，根本不知道对方有多好。而你不跟一个人离婚，也根本不知道对方有多坏。

当一个人决定跟另一个人结婚，往往是在爱情里做好了三种心理准备：一是愿意放弃部分自己的自由来适应对方，二是要接受对方和对方附带的一系列关系，三是承诺一起追求未来的幸福生活。

这三点如果有任何一点自己没有做好准备，就要很谨慎地进入婚姻。因为爱上一个人，是一种很奇怪的冲动，鬼知道怎么就爱上了，一个眼神、一个动作、一个微笑……都可以让自己“缴械投降”。但要长久地爱一个人，一定是依靠理性。因为感性来得快，消失得也容易。此时，就需要理性来保持自律。

婚姻是很美好的事情，也是人类很伟大的发明。现代文明社会更是使用协议的形式来维持一段稳定的关系。在这份关系里，因为彼此的承诺，让彼此享受到最稳定的爱和性爱。在这份关系里，因为协议的存在，也让必需的利益得到了最大化的保护。

不过在我看来，如果一个人没有做好心理准备，其实大可不必过早地进入婚姻的殿堂。说实话，单身也是一个不错的选择，与其踏入一段错误的婚姻，还不如单身来得自在。单身最大的好处就是自由，不必因为迁就别人而委屈自己，想爱谁爱谁，想怎么爱就怎么爱。单身也不会因为另一个人而过多地干扰自己的生活，因为独处对一些热衷于思考的人非常重要，这也是很多哲学家不结婚的原因。我认为，未来随着社会和科技的发展，单身的人会越来越多，因为一个人情感上的满足，未必需要通过婚姻来实现。

婚姻是爱到最深处的仪式，如果两个人能够真心相爱，能够三观趋同，能够尊重差异，能够在遇到冲突的时候有智慧处理，就会一直维持在爱的巅峰状态，这就是相爱、相伴到老的故事。但如果一个人根本不知道如何爱别人，那么在婚姻的仪式感结束后，爱情就开始衰退。当爱衰退到一定程度，自己的爱无法再容忍对方的时候，离婚的问题就会摆上台面。

婚姻里有两种行为很难被宽容：一是不忠，二是家暴。前者已经破坏了彼此的承诺，而后者则打破了人与人的平等。但这两者是否必然会导致离婚？我觉得未必，因为种种考虑，坦然接受这两件事的人也不少。甚至我连那种老公、老婆、情人一起生活的事情都听说过，而且他们还是相亲相爱的一家人呢。我觉得在离婚与否这件事情上，我一个朋友讲得很好。

她说：离婚很难，也很痛苦，但你以为不离婚就不痛苦了吗？其实，这两件事都会让人痛苦。这么一想，她就坦然离婚了，因为不离婚对她的挑战会更大，她是用下半辈子的快乐做赌注。

我想，这揭示了很多选择离婚的人的困惑。其实一个人在决定离婚与否的时候，通常会思考三个问题：一是自己生活是否会比两个人生活得更好，二是人生如此短暂是否想按照自己的节奏去生活，三是继续忍受的痛苦是否甚于离婚所带来的痛苦。

如果决定离婚了就坦然面对：离婚并不代表当初结婚就是错的，因为人在每个阶段的思考是不同的；也不代表当初的誓言是假的，因为那一刻彼此就是决定要厮守终生的。人最不应该做的就是，拿过去的生活，来绑架未来的自己，更不应该拿过去的决定，来惩罚未来的自己。

人生就是一个不断试错的过程。
如果试对了，
就快乐享受。
如果试错了，
可以将错就错，
也可以纠偏。
重点在于，
做出自己的选择，
而后接受。

从来没被冷嘲热讽过的人生不值得一过

随着一枚火箭发射升空，全世界的目光再次聚焦在埃隆·马斯克身上，他开挂的人生又创造了一个奇迹。他的私人宇航公司SpaceX，成功发射了一枚远超目前全世界所有火箭的超级重型运载火箭。

引起我兴趣的倒不是这次发射本身，而是关于马斯克的一段视频。视频中美国的两位登月英雄阿姆斯特朗和尤金·塞尔南，都曾经公开反对马斯克的商业航天计划。

视频中，接受采访的马斯克获知后双眼含泪，说自己非常难过，因为这些人是他心目中的英雄。其实，不仅英雄们反对他，连美国总统候选人都在竞选辩论中，把他当作嘲讽的对象。当然，反对他的人还包括他的特斯拉直接挑战到的石油公司、传统汽车制造商等利益群体。

其实，每个人前进的路上，都会伴随着冷嘲热讽、怀疑和挖苦，不管是改变世界的马斯克，还是默默无闻的你和我。

这世界就是这么的不尽如人意，一少部分人忙着改变世界，而大部分人却忙着在旁边冷嘲热讽。

所以，这世界也就展现出了两种人生：一种是忙着回应冷嘲热讽，把大量的精力都耗费在了解释与证明上，最终一事无成；另一种是微笑着前行，用一个又一个的努力来告诉世界，我立志不虚此行。

在所有冷嘲热讽你的人中，有一类是跟你完全不相关的人，甚至你这辈子都没有机会认识他们。但是，这些人就是在各种场合，对你进行各种冷嘲热讽。对于这样的恶意，无须投入任何精力去回应。

好比我写一本书，总有喜欢的人和不喜欢的人。其实，这些都不重要。重要的是，我写书并不是为了讨好谁，而是为了表达我自己的想法。

就如铃木光司说的那样：

> 说花美就会有人说“也有不美的花”。预想到会有这种抱怨，于是写“既有美丽的花，也有不美的花”。这基本是废话，让所有人都认同的文字根本称不上表达。

还有一类冷嘲热讽来自认识的朋友或同事。这类嘲讽让人难过之处在于，都是自己生活中经常见面的人。我的意见是：如果是真正地表达建议，我会借鉴；但如果是因为嫉妒而嘲讽，这类朋友可以不再来往，因为一个人不能活在唧唧歪歪的氛围中。

只有离开垃圾堆，你才可能摆脱那一股子馊味儿。如果是不得不往来的同事，维持基本的关系即可，这类人不必深交，不要被格局太小的人限制了自己的世界。

哪怕是建议，我用的词也是借鉴，而不是听取。因为每个人的处境和立场都不同：就如同你要结婚，就不要去找一个信奉单身主义的人给你提意见；你要投资，就不要找一个只图安稳把钱存银行的人给你出主意。

不是每个人的意见都有参考价值，大部分人的意见听听就好了。他们所说的其实大多是联想到自己而得出的，跟你根本没关系。

最让人不能接受的冷嘲热讽来自行业里的专家，就如同马斯克尊敬的阿姆斯特朗和尤金·塞尔南，不仅是因为他们的地位和身份，更重要的是因为自己尊敬他们，所以他们的反对真的会给自己带来巨大的压力和痛苦。

对于这一类嘲讽，是需要去真诚沟通的，如果能获得宝贵的经验当然是极好的。但如果对方根本不听，首先要做的是重新反思自己所做的事情，因为前辈的经验很有必要参考。他们的嘲讽有可能是因为姿态高，所以用前辈对后辈教训的口吻来表达。我们需要做的首先是根据他们嘲讽里隐含的意见，重新考量自己所做的事情。

其次是根据他们的意见来改善自己所做的事情，考虑如何才能做得更好，而不是轻易放弃。这世界每一次重大的进步，无不包含着对旧事物的挑战和推翻。

托勒密在公元 2 世纪说：地球是宇宙的中心。

密歇根储蓄银行总裁在 1903 年说：汽车只不过是个新鲜玩具，根本替代不了马车。

收音机晶体管的发明者德·福雷斯特（Lee de Forest）在 1967 年说：人类永远到达不了月球，不管今后科技如何发达。

美国数字设备公司（Digital Equiment）的创始人说：人们没

有理由把计算机搬回自己家里。

在人生的路上，会有无数的人，有意地、无意地、善意地、恶意地跑到你身边来告诉你：你不行的，你不可能的，你根本不是做这个的料儿。如果因为他们这样说我们就不去做，那么这个世界上就没有我们能做的事情了。哪怕我们什么都不做，都会有人跑来告诉你：你怎么垃圾到什么都不做？

这世界上，不会有人去踢一只死狗。

如果你认为是对的，就保持自己的执着，把所有冷嘲热讽，都变成你人生路上的垫脚石。如果你从来都没被人冷嘲热讽过，那你的人生该活得多么无聊。

彪悍的人生不需要解释

罗永浩有句话说：彪悍的人生不需要解释。意思就是：如果你要特立独行，大部分人是不会了解你的，你解释他们也不明白，所以与其费那么多口水向他们解释自己，还不如让自己努力多往前走两步。这句话说得再狠点儿是：彪悍的人生，不需要跟傻瓜去解释。

这话反过来说：懦弱的人生需要时时处处察言观色。因为要跟别人合群，要赢得别人的承认，所以需要去讨好别人，以换取别人的认可。如果这个别人是自己在乎的人倒也罢了，如果这个别人是完全无关紧要的人，则会让一个人在讨好的过程中，迷失了自己。

那么，如何让自己的人生彪悍起来呢？

你要学会不把情绪寄托在无关紧要的人身上，如果你无法做到这点，你终是被他人控制的。就好比一个遥控器，别人一按你就开心，再一按你就生气，你的情绪表现全部掌控在别人的言语、行为和态度上。萨特所说的“他人即地狱”就是这个道理。为什么我们说一个成熟的人会温润如玉，因为他们清楚外界的人也好，物也罢，都是始终在变化中的，既然如此，不如关注自己所做的事情。这种由内而外散发出的专注，能够让自己物我两忘。

适当绝交一些人，全球70多亿人，绝交几个没什么大不了。比如那种嘴特别贱的，不能忍受就拉黑吧，毕竟不是亲生的，你也没有教育他们的义务。我一般将嘴特别贱的坏心眼的人直接删除，因为如果你对他们讲道理，会浪费很多时间，到最后往往他们一句：拉黑你。我拉黑删除的一般有这么几种人：总留言恶心我的，人身攻击的，总喜欢拿我跟别人比来比去的。对于这些人，我不耗费任何时间在他们身上。天高地宽，大路两边。

记住谁是你真正该在乎的人，比如家人，比如真正的好朋友。对在乎的人上心，对不在乎的人健忘。因为你心中有真正在乎的人，在经历外界的流言蜚语的时候，就可以在他们那里找到可以栖息的港湾。那一刻，你会突然明白，讨好这个世界没有任何意义，唯一有意义的事情，就是向自己在乎的人身上投入感情。你费心劳力讨好了别人许久，到最后在感情上收留你的，还是真正在乎你的人。

少一些暧昧。一个人的大部分爱恨情仇，其实都是来自爱情。而暧昧如果多了，必然会要求你分配很多精力去处理。在这个处理的过程中，稍有不慎，就会让自己陷入左右为难的境地。寻找一个真爱，并在爱情上保持自律，长久下去，会让自己得到爱的滋养。这种滋养就是自己跟他在一起就会安静下来，而不是想着如何骗过这一个人，再投入下一个人的怀抱。我见过不少跟很多人暧昧的人，男女都有，自认为可以骗过所有人，但你永远骗不了自己的时间。你自认为可以左右逢源，到最后就会发现，耗费掉了大部分青春。

训练自己某一方面的技能，这个技能最好是不易被别人替代的。比如你特别擅长修图片，比如你特别擅长搭配衣服，比如你特别擅长唱歌。这个不可轻易被替代的技能，一个方面可以让你建立自信，另一方面可以让别人不轻易忽视你。不管在任何场合，我都有自己的位置。

让自己的人生彪悍一些，
不必总想着要跟谁解释。
毕竟，
不是每个人，
都有资格在你的生活里出现。

Heritage Lottery Fund

第六部分

懂阅读

只要对阅读保持着热爱，现实就蹉跎不了生命。

在书店里谈恋爱

书店是一个很神奇的地方，每次进去我都会不自觉地一本正经起来。这种感觉，就如同进到一座教堂或者寺庙，呼吸声音大一点，都唯恐惊醒了那些文坛大家。行走在书架间，就仿佛在参加一场论坛，尼采自顾自地盯着天，叔本华唉声叹气地看着地，但丁闭着眼穿梭在自己构造的天堂和地狱间、莎士比亚旁若无人地念着台词“生存，还是毁灭”……

记得自己看完《博物馆奇妙夜》后，也幻想着晚上书店门一关，所有作者和小说里的人物都苏醒了过来，想必也是热闹非凡的。在书店里浸润的时间久了，渐渐觉得挑书这件事其实跟挑人有异曲同工之妙。

刚进书店，觉得混混沌沌，放眼望去满是各形各色不同装裱风格的书、琳琅满目的人，会立刻产生置身一片森林的焦虑感，完全不知道该去往哪个方向，也不知道该读哪一本。这就如同一个人撸起袖子准备谈场恋爱，凭借本能冲动，就觉得应该找人来爱，但至于找什么样的人，则完全没有概念。

一个人若不知道自己内心的真正需要，就很容易迷失在这茫茫的人山书海之中，于是就只能凭感觉行事了。

这时突然发现，很多人都涌向了摆在门口的畅销书摊。这些书大多已经被翻得不成样子，黑黑脏脏的，谁都可以摸，谁都可以看，它们也都来者不拒，真是毫无书格。就如同我们身边的一些人，到哪里都受欢迎，每个人都说他好。跟这样的人一起出门，你会发现，他的朋友非常多。但就因为他的朋友多，他也对谁都热情。因为他的博爱，让你觉得这份爱并不珍贵。经常看着他周旋于各种场所，各种关系都拿捏得当，觉得他的确神采奕奕，同时心里也觉得跟他走得越来越远。

真正的爱人，是会把世界分成你和别人。如果对所有人都一视同仁，那他真正爱的人是自己，因为他需要的是存在感，需要所有人都要对他释放出爱。

这种书，不看也罢，干吗凑这个热闹。这种人，不爱也罢，干吗犯这个贱。

转身离开畅销书区，觉得自己不应该爱一个大家都觉得该读的书，应该有自己独特的品位。好在这世界上不只有一类书，其他书架还有哲学书，有散文书，有小说，有心理学书，有经济书，有艺术书……只是，靠近它们前，你要先了解它们大致的特点。

哲学书类型的爱人，比较刻板，没什么生活情趣，凡事都一板一眼，做人也认认真真。他们奉行“懂我的自然懂，不懂我的我也懒得瞎嚷嚷”的原则。这种爱人喜欢安静，热衷独处思考，不善交际。跟这样的人相爱，好处是不用猜来猜去，反正你也猜不懂，不好的地方在于，他们也的确属于禁欲系。你想想康德，老头子孤独生活“一被子”，真的，他只有一条被子。你大约就可以联想出哲学类型爱人的特点了。

散文书类型的爱人，精灵古怪，都是风一样的，热情了飘忽而至，你想腻歪了他又随风而去，或近或远完全由他的心情决定。这类爱人生性浪漫，喜欢新鲜刺激，不拘泥于教条般的生活。跟这类爱人相爱的好处是生活处处是惊喜，如果他休息你上班，你下班回家一看，都认不出你的家，床变成餐桌了，餐桌变成书桌了，书桌变成厨房了。不好的地方在于，你要能跟上他的节奏，否则，他就觉得你不是他的灵魂恋人了。

小说类型的爱人，喜欢用上帝的视角看待人类，觉得一切都必须被他掌控。你下班不回家跟谁去聚餐，聚餐的人都有谁，餐桌上都聊了些什么，都要一清二楚。如果他觉得对你失去了控制，这书要么就写成了惊悚类，要么就写成了警匪类。跟这类人相爱的好处就是省心，他会安排好一切，比如旅行的各种行程攻略他都会安排得一清二楚，不好的地方就是你也就基本没有了自由。对他来说这美其名曰叫“爱”，对你来说这很可能就是另一种形式的“奴役”。因为任何人都是他小说里的人物，都必须受他摆布。

心理学励志书类型的爱人，每天都充满了正能量，喝杯雪碧他们发朋友圈都给人感觉像喝下了整个银河系。那感觉就如同跟你相爱的，是一本《心理学百科词典》。他们每天不知所云地哼哼着各种神神叨叨的名言警句，如果你有困惑他们立刻就可以化身精神分析专家或临床心理学医生。他们上班第一件事往往就是跳《感恩的心》或《我真的很不错》。跟这类人相爱的好处是不缺鸡汤喝，每天都打着鸡血跟着他去战斗。不好的地方在于岁数大了还这样，一起出门会被人当成精神病，因为朋友聚会有人叹息一声，他就可以说半个小时各种心灵药方。

经济管理书类型的爱人，其理性胜于感性，任何生活中的问题到他们这里都会演化成公式、定理和模型。他们在乎效率胜于一切，过日子全是利益的衡量：我做了饭，那你要洗碗；我洗了碗，那你要拖地。总之，过日子必须要符合经济学原理，公平很重要。跟这类人相爱的好处是不用你理财，每分钱用到什么地方，他们都运筹帷幄。不好的地方在于这类人因为太在乎钱，往往让生活失去很多乐趣，比如花钱的乐趣。

我想每类爱人，就如同每种类型的书，就跟你一样有个性。所以，每个人要找到想读的书或想爱的人，就必须要知道自己是什么类型。

最佳的读物是读起来让人感觉似懂非懂，说明作者比自己高明那么一点点。读这样的书，自己才能成长。最佳的爱人是自己欣赏的，自己欣赏说明他身上有闪光的地方。跟这样的人相爱，自己才会心甘情愿被俘虏。

我曾经读过的热爱

我不知道你们是否还记得自己读的第一本书是怎么来的。在我的童年时代，家里几乎是没有书的，只有报纸，其实报纸都是稀缺品，因为报纸是可以贴墙上做装饰用的，甚至连农器具都没有，因为都归大队共有。我们家住在大队的仓库旁边，仓库有个窗户，窗户小得只有孩子才能钻进去。所以，那里面承载了我对乐园的所有期待。

我自然对农器具不会有太大兴趣，我唯一的兴趣就是仓库里的一个木头箱子，里面几乎装着我们村里的所有书。现在想来，大约有一百本，基本上都是小画书。隔三差五，我就去掏一本带回家，怕被发现，看完再还回去。一直没舍得还回去的就是一本《西游记》，里面配了插图的那种。没事儿我就躺在麦秆堆上看书，跟着孙猴子去闯荡世界。

我们村子很小，但我的世界通过《西游记》这本书变得很大：我知道在某个地方有个女儿国，那里没有男的，我把这事儿告诉我们村子里找不到媳妇儿的人，他们也都觉得很神奇；我也知道西方有个极乐世界，住了一个慈眉善目的老人，法力无边，我把这事儿告诉我母亲，直接就改变了她老人家的信仰，从此每逢春节她拜的众多道家神仙里赫然多出了一位佛家的人物。大人们每问我一次神话典故，我就翻一次《西游记》，直到最后如数家珍。以至于后来，我写的第一本书就是《水煮西游记》，跟此有直接的关系。

《西游记》陪伴了我的童年，而武侠小说则几乎贯穿了我的少年时代。我记得非常清楚，读四年级的时候，我从父亲的包里搜出一本《江湖夜雨十年灯》。他白天看，我晚上就躲被窝里用手电筒看，每看个十几分钟就钻出来透口气，以至于做梦全是武侠江湖的事情，觉得这世界的某个幽谷中一定有一位仙风道骨的高人，这位高人有本功夫秘籍，只要我能拿到就可以行侠仗义。

这本书给了我极大的精神满足，虽然当时的日子很清贫，但只要我努力，一个机遇就可以改变我的人生轨迹。父亲在听完我的高谈阔论后，又把包里的书换成了《七侠五义》，也给了我不用钻被窝里打手电筒看书的特权，因为那样他觉得太费电池。

那时候，我觉得世界上最幸福的事情，就是把地瓜埋在坑里，上面点上火，伴着烤地瓜散发出的香味，盘腿读着书，跟着武林豪杰走遍大江南北，匡扶社会正义。因为我读书多，知道的故事就多，我渐渐就成了村子里同龄人的“带头大哥”，除了捉迷藏、弹玻璃球这类常规游戏，就是我的读书会。那时候，我感觉自己比坐在公堂之上的包拯大人都神气。

后来，我成了文科生，又从事了老师这个职业，这跟我父亲用武侠诱惑我有莫大的关系。因为做老师，经常会去不同的企业和学校讲课，所以出差也极为频繁。无聊而又漫长的旅程，是读书的最佳时刻。每次出门前，我都会站在书架旁挑书，那感觉就如同一位君主在决定带哪一位妃子出巡。

我带出去次数最多的一本书，就是叔本华的《作为意志和表象的世界》，甚至有时候发现忘记带了，就临时在机场买一本。这本书仿佛成了我的某种精神寄托，因为觉得其他书都太过浅薄，无法与我进行深层次的交流。

旅途中的阅读给了我很大的慰藉，所以不管是飞机晚点了，还是约的人迟到了，我从包里拿出书就可以进入另一个世界。现实的世界跟我童年时候的或许一样，充满了挫折与阻碍。但每次把一本书托在自己手心里，就觉得生活有了无限可能。

只要对阅读保持着热爱，现实就蹉跎不了生命。

知识体系

叔本华在他的《美学随笔》中说：

> 在阅读的时候，别人的思考代替了我们自己的思考，因为我们只是重复着作者的思维过程。……在阅读的时候，我们的脑袋也就成了别人思想的游乐场。……如果一个人几乎整天大量阅读，空闲的时候则只稍做不动脑筋的消遣，长此

以往就会逐渐失去自己独立思考的能力，就像一个总是骑在马背上的人最终会失去走路的能力一样。这些人其实是把自己读蠢了。

更何况现在很多人几乎连书也懒得读，他们读书的方式就是听别人讲书。这样只会让自己更加愚蠢，久而久之自己就完全被洗脑。其结果就是，他们觉得自己什么都略知一二，但又一无所知。因为对于每个学科，他们都站在门口看了一下热闹，而后又被下一家吸引了过去。

因为都是听来的观点，很多人也逐渐失去了基本的独立思考能力。在我看来，建立自己的知识体系是进入每一个学科前自己应该做的功课。那么，该如何构建自己的知识体系呢？

所谓知识体系，就是一个学科的宏观结构，包括三个重要问题：知识体系是什么样子的，是如何构建的，构建它的每个知识点的逻辑是怎样的。只有把这个三个问题搞清楚，在学习阅读过程中才不会迷失自己。

我们先来解释知识体系是什么样子的。人类知识最大的结构，我认为分为六层，从下到上分别是：通俗知识层，应用知识层，通用知识层，哲学层，艺术层和神学层。

通俗知识层

通俗知识一般是比较碎片化的知识，比如《知音》《读者》《故事会》《青年文摘》这“四大名著”。这类知识的特点是获取方便，理解难度低，随时可以进入阅读的状态，在公交车上、马桶上皆可。其关键是“界面”比较友好，意思就是你并不需要太多的知识储备就能读得懂。

应用知识层

应用知识是比较系统化的知识，有自己的学科体系，比如心理学、会计学、法学、管理学等。应用知识是一个人就业的基础，所以大学里的教育大部分都是应用知识教育。这类知识的方向是复杂问题简单化，简单问题流程化，流程问题标准化。

通用知识层

通用知识是所有应用知识的根源，能够在任何情况下提供规律化的指导，比如数学和几何。这类知识的特点是探求形而上的规律，越具抽象性和归纳性越好。柏拉图当年就在自己的学院门口立了一块牌子：不懂几何者禁入。意思就是要了解其他学科，没有几何做基础是不现实的。

哲学层

如果说数学和几何是所有学科的父亲，那么哲学层知识就是所有学科的母亲。只要别的学科不研究的，哲学都研究。但只要一形成方法论，哲学就退出去。这么说起来，哲学很容易出轨。

哲学的基本精神就是质疑，所以亚里士多德就说：吾爱吾师，吾更爱真理。在其他学科未曾抵达的领域，哲学都愿意进行思辨，并且提供丰富的思考源泉。

艺术层

艺术层知识通常包括建筑、雕塑和绘画，当然也应该包括音乐、摄影和文学等。这类知识我们通常无法去分析，只能去欣赏，就如同贡布里希在他的《艺术的故事》里讲的：没有艺术这回事儿，只有艺术家。言外之意就是，艺术很难说清楚，只能靠感性去把握，只要你能从中暂时脱离现实，将精神完全客化在对面的艺术品上，就可以得到灵魂的慰藉。

神学层

神学层知识主要是宗教，宗教跟艺术往往很难分开，特别是在西方，优秀的艺术作品往往都是宗教作品，比如大量的建筑、雕塑和绘画都是宗教题材的。在人类无法明晰的领域，神学依然有它的领地，并源源不断地给信徒们提供着精神的力量。

当我们明白了知识结构的六个大体系后，接下来我们开始了解它们是如何构建的。通常来说，每一层中的知识，都有三种构建方法：一是按照这个知识进化的时间线建立结构，二是按照这个知识的研究派别建立结构，三是按照这个知识的研究对象建立结构。

比如研究西方文学，可以按照知识进化的时间线建立结构，从古希腊神话到中世纪骑士浪漫主义，到文艺复兴，到新古典主义，到19世纪浪漫运动，再过渡到现实主义和后现代主义。你要了解每一个时代都有哪些代表作家和作品，因为每一个作家都脱离不了他所处的时代。所以了解了每个时代的特点，就大致明白他们的作品所折射出的时代特征。

再比如研究心理学，就可以按照派别建立结构，从精神分析到行为主义，到人本主义，再到现在主流的认知心理学。精神分析的代表有弗洛伊德和荣格，行为主义的代表有华生，人本主义的代表有罗杰斯和弗洛姆，认知心理学的代表有米勒。在了解了每个派别的代表心理学家后，就会大致明白每一派心理学家的思考逻辑和方法论。

而研究哲学，我喜欢通过研究对象来建立结构，哲学主要的研究对象有五个。

第一个是Metaphysics，也叫形而上学。其他学科都在研究存在物，但哲学研究的是存在本身。哲学研究存在与不存在，也就是“有”和“无”，比如人到底存在还是不存在。有句英文很有意思：I know nothing（我什么也不知道）。既然know nothing，就不是什么都不知道嘛。那么，这个know nothing，算不算是know呢？苏格拉底说自己其实一无所知，但别人并不知道自己一无所知，而自己知道自己一无所知，所以自己比他们要高明。回到刚才的问题，那么有的对面是什么？是无，那既然是无，你是怎么知道的？哲学就会讨论这样的问题。

第二个是 Epistemology，也就是知识论和认识论。其他学科的目标是寻求真理，就是已经默认存在真理，而哲学研究的是什么是真理，我们在什么意义和条件下才能获得真理，简而言之就是“真”和“假”。

第三个是 Ethics，也就是伦理学。哲学并不是要教人做好人或好事，而是去探讨什么是好，什么是坏。比如：我们说撒谎不好，为什么不好；你说特雷莎修女是好人，为什么说她是好人。

第四个是 Aesthetics，也就是美学。这个领域主要研究“美”和“丑”。什么是美，你们有没有思考过这个深刻的哲学问题？跑完步从田径场出来，迎面吹来一阵风，一只小萤火虫撞到我脑门儿上，然后跌跌撞撞地飞走了，感觉世界很美；看到一个人，在一个阴雨的天气撑一把花伞出现，感觉很美。那么，你这种感觉是如何而来的？

第五个是 Logic，也就是逻辑学。哲学研究纯粹形式，即什么是“有效的推论”和“无效的推论”。这个领域不受思维的具体内容左右，所以纯粹的几何最接近哲学，比如点、线、面、体的概念。

当建立了某一个知识的结构后，针对每一个知识点，我们还要搞清楚它的微观逻辑。微观逻辑包括三个方面：一是 What，回答的是“是什么”的问题，也就是这个知识点的概念是如何定义的；二是 Why，回答的是“为什么”的问题，也就是我们学习这个知识点的原因是什么；三是How，解决的是“怎么做”的问题，也就是如何去实践和应用这个知识，并且让它在实际生活中发挥作用。

如果只有What，知识就无法落地；如果只有Why，就变成了成功学，徒有激情却无法实操；如果只有How，那么就会脱离了具体的应用环境，因为没有宏观的改变做指导，导致没有上升到方法论的层次，完不成知识的迁移。

这就是我对知识体系的看法。如果你能了然于胸，那么捧起任何一本书，就都能在浩如烟海的知识海洋中，找到它的位置，并且了解它所处的环境。这样，你就建立了自己的知识体系。

做好准备，你才读得懂

有一天，我在读美国存在主义大师罗洛·梅（Rollo May）的书。其实，这书几年前就买了，很多人推荐过，但就是读不进去。直到最近对焦虑有了诸多的感悟和思考，这几天重新在书架上拿起这本书，读起来才觉得真的是酣畅淋漓。于是，我就推荐到了自己的朋友圈中，果然很多人跟我当初的感觉是一样的：很经典，但就是读不进去。

读书，其实也很讲究机缘的。而这个所谓的机缘，主要就是时间。时间会让一个人成长，也会让一个人困惑。成长到一个阶段，一本书正好解答了自己的困惑，那这本书就是好书。否则，这本书就是再好，我们也觉得跟自己没半毛钱关系。

在新员工入职的时间，很多企业找我去分享一些职业的建议。望着台下的所有 90 后，我竟然产生出了一种无力感。建议只对有需要的人才有用，而新员工需要的是拼命的成长和工作，这个时间可能不是给他们建议的时候，他们需要的是立刻入职然后在工作中历练，等过半年他们流露出的，或许就是带着种种困惑、渴望得到解答的眼神了。

回忆自己之前经历过的每段感情，也莫不是如此。年轻的时候，遇到很多很好的女子，但是自己那时候既没养家的能力，也不懂得如何与人更好地相处。所以交往起来，难免遍体鳞伤。

感情中最痛苦的事情莫过于此了吧，觉得对方很好，自己却无力去匹配对方。这种感情即使强行结合，也是诸多拧巴，一方患得患失，一方强颜欢笑，最终忍痛分手。分手的原因很可能不是不爱，而是太爱，但是无法在爱中满足。这种满足可能跟金钱有关，也可能跟自身的素质有关，但终归都是需要时间去积淀的东西。

所以，著名哲学家沃兹基（我自己）说：一个人会突然想通一件事，如醍醐灌顶，如振聋发聩，从此境界大不相同。这或许跟时间有关系，也或许跟阅历有关系，但不到那个节点，无论别人如何苦口婆心，都无法消除困顿。所以，给别人提意见，不必着急上火，他需要的或许不是建议，而是时间。

不是所有好书都适合自己，如果翻个十分钟毫无兴趣，就束

当你准备好，好的爱人才会出现，否则，即使出现在自己的生命中，也会因为自己懦弱，忙着生计，而无法真正地相爱。回想过去，我辜负过很多人，也错过了很多人。但生活就是如此，很多人很好，但就是不适合那时的自己。所以身在那刻，自己经常会产生一种无力感，想要把握住什么，却什么都抓不住。

之高阁吧。不是书不好，而是你没准备好。不必因为读不懂而苦恼，反正书又不会跑。

不是所有建议都对别人有效，如果对方不采纳，笑笑就好。不是你的建议没有价值，而是对方没准备好。给对方留下成长的机会吧，或许等到一定时机他自然会明了。

不是所有自己觉得美好的人都应该去爱，如果两个人在一起确实难受，就分开吧。不是人不好，而是彼此没准备好，也不必因为没有在一起而懊恼。时间不到，修炼不够，就无法驾驭比自己层次高的爱情。

其道理就好比奔驰虽好，但自己只有骑自行车的技术，还是看着就好。强行去开，车毁人亡，得不偿失。

在时间面前，无法伪装。

你是怎样，

读的书便是怎样。

你是怎样，

身边的朋友便是怎样。

你是怎样，

陪在自己身边的恋人便是怎样。

别爱上木乃伊

我经常看到朋友圈里有人转发标题诸如《纯干货……》《绝对干货……》之类的文章，转发者还不忘再加一句转发语：这种纯干货才让人受益匪浅。这么喜欢干货，你咋不抱着木乃伊睡觉呢？

言下之意就是，我跟你们庸俗众生不同，我是一个喜欢知识的人，而你们是一群每天都在云山雾罩里的湿货。其实吧，会做饭的人都知道，干货往往都是用来煲汤的，干货本身往往没什么价值，只有炖成汤变成湿货才有营养价值。

干货这个词被严重滥用了，被写作者滥用为自己不会有趣表达的一种借口，被转发者滥用为显示自己品位与众不同的一种理由。

什么是干货？配得上这两个字的，只有老子的一个字：道。除此之外的所有解释都有水分，都是你的杜撰，连老子也不能例外。所以，他才说：道可道，非常道。在我看来，数学、几何、物理的公式和大多定理也是干货，除此以外，我们都在应用罢了。

可以这么说，我们每个人都在打着干货的旗号做湿货的事情。比如你是做解读书的人，企图用几分钟把作者几十万字的著作，浓缩成几十分钟说出来，美其名曰：干货导读。别开玩笑了，那不过是你的解读罢了。

著名作家沃兹基（我自己）曾经说过：真正会读书的人是不太会上网听音频讲书的，真正会理财的人是不会去追随所谓的投资大师的，真正的有钱人是不会在意自己买的是否是奢侈品的……所以每个行当，都是为还没到这个层级的人服务的。

帮人读书这行业目前好像还挺时髦的，本质上不过是花钱找人把食物品尝了一番，然后嚼了嚼吐出来给你吃。然后，你还要付钱，还要连声称赞：干货，干货。

如果你这么喜欢干货，那么35万字的《白夜行》无非就是一句话：儿子把老子杀了。而所谓的湿货版却用洋洋洒洒35万字来告诉你：这儿子为啥要杀老子。有一个著名的关于干货的故事：

> 相传波斯王即位时，要他的臣子编一部完整的世界史。几年过去了，臣子编出一部煌煌巨制。可国王已人到中年，国事繁杂，没时间看。臣子又用几年时间，把史本缩短，但国王仍然忙于朝政，无暇细看。臣子再将史书高度浓缩，而国王终因年老体衰看不了，抱憾终生。临死前，一位老史学家对他做了一个干货解读，六千卷的世界史其实是一句话：他们生了，受了苦，死了……人类历史浩瀚纷繁，也只是三个字：生，死，苦。

可是，把书读得那么浓缩有什么乐趣？你把生活理解成这样子又有什么意思呢？

我们让别人帮着读书，一本书浓缩成几分钟。我们让别人帮着看电影，一部电影也浓缩成几分钟。节奏快得让我们越来越焦虑，浩如烟海的信息也让我们越来越恐慌。我们怎么了？

要了解这件事，我们先要读懂今天这个时代。当下的时代，注定有两件事情非常有前途：一件是帮人节省时间，另一件是帮人打发无聊。

帮人节省时间的职业很多，比如帮人读书，帮人排队，帮人取餐，帮人叫车……你可以做成各种科技产品。但本质上这些事情，都是帮人节省了时间。与其不同的人，还有种职业帮助人打发无聊，比如各种直播，我甚至看过一个女生直播吃饭，十万人围观，还给她打赏，愚蠢的人类。关键是，我也愚蠢地看了一个小时，你说愚蠢不愚蠢？按理说，打游戏是很注重体验的吧，但直播里最赚钱的事情就是给你打游戏看，你说人类无聊不无聊？朋友圈也是帮人打发无聊，各种娱乐设计的本质也是满足人无聊的需求。你说人类无聊不无聊？

如果你能从事这两件事中的职业，或者就此针对性地创业，在我看来，简直是大有可为。因为人类就是如此的矛盾，这个矛盾就是：我们想尽各种办法来让自己节省时间，而后，把节省下来的时间用在各种无聊的事情上。

借助于干货和湿货这事儿，我们延展出来了很多思考。我无意挑起这两派的斗争。绝对的干货和绝对的湿货，我都不认同：绝对的干货，让人远离了人性，失去了欣赏和最直接的体验；绝对的湿货，又华而不实。

在最高级的智慧和普罗庸俗的人之间，存在着一个认知鸿沟。比如海德格尔，自己创作出一门语言体系来写哲学，如果你不是科班出身的人很难读懂他的《存在与时间》，这就需要有人在中间起到嫁接的作用。

但这个嫁接的人非常重要，因为他的知识边界和视野范围，决定了你能达到什么样的理解层次。

所以尽量多听一些人的解读，不要只迷信一个人。这种交叉性让你更客观地理解一本书。在对某一本书非常感兴趣后，最好能去读一读原著。书是享受智慧最方便的事情了，花几十块钱就可以跟作者一生的思考做交流。你买了《理想国》，柏拉图就坐在了你面前；你买了《查拉图斯特拉如是说》，尼采就在你旁边唠嗑儿。

给自己一点时间去随性阅读，不要只读别人推荐的书，因为被埋没的好书也不少。有时候，我在路边摊买本书名特恶俗的书，读起来因为契合了我的感受，也觉得受益匪浅。更重要的是，所谓的好书判断标准不一，这跟每个人的生活经验和知识层次有关。就像一个刚开始做点小本买卖的人读股权投资没有必要，可能这方面的书是很好，但因为没满足他的需要，还不如读读如何躲避城管之类的书。道理就是如此。

不要让自己在宝贵的事情上讲求效率，比如跟家人吃饭，比如跟爱人培养感情，比如看自己心爱的电影，比如闭着眼睛欣赏一首歌曲……在这些事情上追求效率，会让人变得浮躁，也让你失去作为一个人的乐趣。而在无聊的事情上，尽量自律，不是不做，而是保持克制。

不要那么在乎干货，所谓的干货其实不过是提供了窗口，让你快速窥见一门学问或者一个体系。而自己要做的就是，让它们沉下去变成湿货，加上水有耐心地去煲，让这些知识丰满起来，这样才营养丰富。

第七部分 懂情趣

不值得交往的人，别交往了。不值得爱的人，别爱了。不值得付出的工作，别做了。这些断舍离所带来的痛苦，跟人这漫长的一辈子比起来，就如白驹过隙。一咬牙，一跺脚，牙就没了，脚就迈过去了。

被一本小说绑架的人生

我觉得日本人的名字好难记，比如妻夫木聪，我一直记成夫妻肺片。冲田杏梨还是冲田梨杏，幸田来未还是幸田未来，我到现在都没搞清楚。我记得看柯南的时候，里面有个跑龙套的叫我妻留造，你说说，这还有天理吗？

就因为名字太过复杂，导致我很少读日本作家的小说，主要是记里面人物的名字太费劲了。其实，别说小说里的人物了，连作者我也经常搞不清楚，我一直把东野圭吾记成东野圭谷。直到我老婆告诉我，东野圭吾不是做 IT（信息技术）的，我才意识到我可能记错了。

我太太说：东野圭吾的《白夜行》，其实你应该好好看看。

我问：为什么？

她说：因为这是一部悬疑的经典作品，看完会改变你的人生。

她那暧昧的眼神，仿佛书里一定有我感兴趣的东西，看着她递过来的书，我实在不好意思拒绝。结果翻了几十页的时候，我已经看不下去了。在当天晚饭后，我毕恭毕敬地把书还给太太说：什么桐原啊、生子啊，为什么就不能叫潘金莲、李瓶儿、庞春梅呢，这样多好记，请原谅，我看到现在都记不住任何一个人的名字。

我太太瞥了我一眼，说：这样吧，你先把碗洗了，我帮你画一个人物关系表。

在洗了一周的碗后，我太太终于把一张完整的人物关系表放在了我面前，擦了擦汗说：你再尝试一下看看。于是，我又重新翻开书，一边读一边对照着人物关系表，以搞清楚书中的人到底各自干了什么事儿。在翻完了几十页后，我再次放弃，时间线和写作角度太乱了，不由得让我想起了诺兰的神经错乱。

太太看我烦躁的样子说：这样吧，你先把碗洗了，我帮你把时间线理顺一下。

在我又洗了一周的碗后，她把每一章发生的时间都标注好了，然后递给我说：对于你的智商，我只能帮到这里了，我把案发时间设定为原点，然后每一章我都写了距离案发后多久，一直到最后一章是距离案发后十九年，这样你就不会混乱了。

在人物关系表和时间线的提示下，我读得渐入佳境。每次吃完饭，我捧着读得过瘾的时候，太太就凑过来说：你先去把碗洗了，否则我就告诉你凶——手——是——谁。

天呢，你才是凶手，好嘛！看着她一字一顿的样子，仿佛那个名字立刻就会从她嘴里说出来。吓得我赶紧把书递给她，乖乖地跑去厨房洗碗。大约这样煎熬了一周左右，书已经看了一半，我已经猜到谁是凶手了，心里暗自得意：老子再也不怕这娘们儿威胁了。

我太太看着我的表情，又看了看我读到的章节，然后语重心长地跟我说：你马上就要读到色情的部分了。

我说：你什么意思？我是读色情小说的人吗？

她说：是谁总惦记着潘金莲、李瓶儿、庞春梅来着？

我说：那我也已经读过色情的经典作品了，难道这日本人写得比兰陵笑笑生还好？

她说：兰陵笑笑生写过援交吗？

我说：什么是援交？

她说：别给我装 Hello Kitty，可精彩了，你先去洗碗，回来我不打扰你，你就可以安心读那一部分了。

这把我当什么人了？我是能被色情片段勾引的人吗？不读又怎样？切！等我洗完碗回来看完这一部分再跟你理论。

在我第二天看完援交的片段后，我太太跟我说：这部小说，谁是凶手其实一点都不重要，重要的是，凶手的结局会如何，要不要我告诉你？

我说：不要。

她说：那你还不去洗碗吗？

就这样，在她的各种威逼利诱、折磨蹂躏下，我洗了一个月的碗，也读完了这本小说。躺在床上读到最后一段：只见雪穗正沿着扶梯上楼，背影犹如白色的幽灵，她一次都没有回头。

我太太在床上回过头望着我说：你知道雪穗为什么头都不回吗？

我问：为什么？

她说：其实，她那一刻肯定是泪流满面的，因为从此，她就要独自面对人生，而且都要自己洗碗，她很绝望。

我心一软说：我不会让你绝望的，以后洗碗我都承包了。

天哪，我干吗要表这个态，这跟小说有一丁点儿关系吗？我忽然想起来当初太太让我读这本小说时说的话：看完会改变你的人生……

暗杀我太太的青蛙宝宝

不知道为什么，我太太养了一只青蛙：一会儿说她的青蛙宝宝就知道在家里吃个没完，也不出门旅行；一会儿又说自己的青蛙宝宝勾引了一只蝴蝶，回头可能还得对人家蝴蝶的宝宝负责任，毕竟是自己的青蛙宝宝惹的祸。

我说：咱们能不能干点儿成年人干的事情？

她看了我一眼，说：流氓！

我说：我的意思是咱能别这么幼稚吗，家里碗洗了吗？地拖了吗？花浇了吗？桌子擦了吗？衣服叠了吗？

她说：我都做了，要你干啥？

我说：我赚钱啊。

她说：钱呢？

我说：给你了啊。

她说：我知道你给我了啊，可我花完了啊，所以才问你钱呢？

我说：要钱干啥？

她说：给我的青蛙宝宝买汉堡包，出门旅行用啊。

我说：咱能干点儿成年人干的事情吗？

她说：流氓！

你们也可以看到，我的生存环境多么恶劣了，结婚十年不如蛙。那为什么我们还没有决裂呢？答案很简单：钱呢？

在出差赚钱的路上，我买了一个汉堡边吃边思考，婚姻如何才能持久呢？最终我得到了五个结论，给你们即将走入婚姻的人一点儿借鉴。

首先，两个人彼此欣赏非常重要。在对方身上，始终能找到自己欣赏的成分，不管是文采还是人品，还是其他。彼此欣赏的人，默默地看着对方，眼睛里都会是光。我非常欣赏我太太的厨艺，不管什么菜，她就如一个魔术师一样，能变成一道道美味佳肴。她则非常欣赏我的人品，因为我吃她做的菜的时候，从来不说难吃。

其次，有个共同的兴趣也很重要，没有共同兴趣就没有交集和可以沟通的基础。否则，不管对方再好，你也会因为无法分享而缺少精神上的共鸣。漂亮的外表、优雅的举止，都不能代替精神上的共鸣。比如一起玩玩摄影，室内、室外的都可以。再比如一起玩玩 PS 游戏（Play Station，日本索尼公司出的电视游戏），我很喜欢玩 PS，我太太则喜欢坐个小板凳在旁边看我打游戏，一旦我通不了关，她就会帮我查攻略，上阵亲夫妻。

再其次，性爱的和谐很关键，包括啪啪啪的频率和配合度，没有亲密关系那就成友人了。一个性亢奋一个性冷淡，也会滋生诸多矛盾。按照弗洛伊德的理论，所有问题的根源都在于性。在这个方面，大家可以积极开展探索，有个简单的方法就是扩展双方的职业领域，比如：我是个飞行员，是个法官，是个警察；我太太是个医生，是个护士，是个空姐。

第四点是外界威胁。这是啥意思呢？因为别人也欣赏对方，这会给自己一种紧张感。真爱就是，对方明明丑得像条狗，你还每天怕他被抢走。真正该爱的人，一定会有很多人爱。如果只有你一个人爱，只能理解为你瞎了狗眼。同时你也会因为别人的欣赏，让自己拥有一种自豪感，因为他独独只爱你。

最后一点是要给自己的压力释放找一个空间，除了跟对方共同的兴趣外，还要有自己专属的兴趣点，比如旅行、画画、烹饪。这样就不会把人生的所有欲望都放在对方身上，不给对方空间。

全身心投入会步步紧逼，如果安全感都来自对方，会给对方造成巨大的压力，也给让自己产生患得患失的焦虑。培养一个专属的兴趣，就是给自己一个放松的空间，只要闹矛盾了，你就有一个可以逃避的地方。

培养一个专属的兴趣点，还有一个好处就是能增加你的神秘感。我们经常说，要做一个有趣的人。所谓的有趣就是对方觉得你应该不会，但你却恰恰在这方面做得很好，这就是有趣。如果对方对你知根知底，那就索然无味了。

最后我想问个问题：如何暗杀我太太养的青蛙宝宝?

爱上一个秋天般的女子

若四季如女子，那我想：春天应该是个萌妹子，充满活力，蕴含生机，撩人但绝不情色；夏天应该是个熟女，该露的地方绝对不掩盖，黑丝低胸统统袭来，让人欲罢不能，欲火焚身；秋天是个少妇，历经生活磨砺，而后归于沉静，轻易不敞开心扉，但若再次动心，死了都要爱，爱就直奔死里去；冬天是个充满智慧的女人，智慧到风平浪静，喜怒不形于色，可远观不可亵玩焉。

这么想下来，我理应是喜欢秋天的。春天般的女子，需要的是成长，对于生活对于爱，都有无限的期待。如果有如此这般的姑娘向我表白，我断断是会立刻拒绝的。这般年龄的姑娘，应该

我喜欢秋天，
我哪里是喜欢秋天，
我只是怀念，
我们一起埋在秋天里的，
那段情感。

找差不多岁数的男生，应该活得灿烂，活得单纯。如果跟我这样的大叔在一起，会拔苗助长的。

我想象中的春天般的萌妹子，应该穿一件碎花裙子，坐在穿白衬衫男生的自行车后座，在夜晚的路灯下穿行，咯咯的笑声渲染了整个夜空。跟这样的姑娘恋爱，最重要的是陪伴她成长。因为简单，所以并不善于解男女的风情。但也正因为此，少了算计，便多了纯情。

夏天般的熟女，就是活出了自己本色的女子。她们并不怎么在意别人的眼光，穿衣打扮只要自己喜欢，就是这个范儿，看得惯就看，看不惯就滚蛋。这样的女子很有魅力，因为她们往往极具个性，在某一个领域也颇有建树。她们从不会依附于男人，在生活里特立独行地活出了自己的姿态。

跟夏天般的熟女相爱，你要能学会欣赏她们。应是陪伴，而不是让她们就范。她们出门就自己拉皮箱，从不要人帮；上飞机就要毛毯，不要男人递过来的衣服披肩；车坏路上，会立刻爬进去然后满身油污地出来；看恐怖电影，就到处安慰旁边的观众“别怕，都是假的”；动不动就插腰站太阳底下，舍我其谁。跟她上床了，早上她还要安慰你：没事，我会负责任的。这类熟女不要别的，要的就是平等。这世界上谁都不属于谁，我只属于我自己，这就是她们的信条。

夏姑娘是很好，只是我吃不消。每天晚上枕着她的胳膊入睡，我怕久而久之变成一个兔宝宝，失去战斗力。

冬天般的女人，因为看透了世间的百态，所以已然淡漠如水，心内很难再起波澜。她们用白雪把感情掩盖起来，展现出来的只有现实的生活。菜市场有没有打折，自己的孩子成绩排第几，上下班坐几路公交车能多省点钱啊？这才是生活中占首要位置的问题，她们望着另外三个季节的女人，就会连连摇头：还是不懂生活啊。

她们很懂生活，是因为生活已经把她们蹂躏得蓬头垢面。所以，她们的生活就会务实到细枝末节。我会很尊敬这样的女人，但绝对不会靠近，因为缺少了灵气的女子，我都怕被她拽入冰封的河底，无法呼吸。

相比较来说，我更喜欢秋天般的少妇。“少妇”这个词，一听貌似就很让人有某种想象力。但我说的少妇，是那些有故事的女人。她们有过爱情，所以知道自己需要什么样的爱情。她们经历了生活，所以知道自己需要什么样的生活。她们不再把生活当游戏，而是非常认真地对待生活。

秋天般的女人，就如同挂在树上的果实，有一种成熟的美。她们不苛刻，因为懂得每个人都有自己的难处。她们不软弱，因为世间百态见得多。跟这类女人相爱，会更持久，因为她们已然成熟，自己懂得拿捏节奏。

秋天般的女人，会拉着你的手登上高山，看万物衰竭，看繁华落尽，感叹人生苦短。此时寒风瑟瑟，她顺势依偎在你的怀中，低声说：我们相爱吧，哪怕秋去冬来，冰雪刺骨，还有我陪在你身边为你取暖。

我老婆问：那你觉得我是哪个季节？

我说：别废话，快来被窝里，看你那春夏秋冬的样子！

说分手，就分手

在去拔牙前，我问朋友们：明天我就要去拔牙了，请问我要注意些什么？

一位拔过牙的老前辈，语重心长地留言说：记得录一段“哎呀妈啊，疼死了”的录音，疼的时候就用手机放，否则，拔牙过程中你就是疼也没机会喊。

智齿困扰了我很久，关键是我四颗智齿还都长了，这个争气啊。定期不定期地，它们就发炎，严重的时候半边脸都是肿的，严重影响我偶像派的形象。于是，我下定决心把它们全部解决掉。去医院前，我跟老婆说：今天我要去动手术了。

老婆递给我一张纸，说：把你所有密码都写上面。

到了医院，挂完号，我看着一个个捂着腮帮子出来的人，很想逃掉。就在内心激烈挣扎的时候，牙根一阵酸爽，我在想拔牙再疼，也比这牙齿一阵一阵地疼好过吧。两害相权取其轻，长痛不如短痛。这时，正好护士开始喊我的名字。在所有等待治疗的病人的目光注视下，我躺在了手术台上，然后紧紧握着我的手机，把大拇指悬在播放按钮上，随时准备摁下：哎呀妈呀，疼死了。

大夫打开探照灯，我故作镇定：最近牙好疼。

大夫见怪不怪，风轻云淡地说：当然，如果不疼你也不会来。

果然是老司机。

大夫说：可能有点——那个疼还没说出口，麻药针就开始打了。等把针抽出来，他才说了最后一个字：疼。

他说了疼，我才意识到应该摁手机播放录音了，结果不知道啥时候手乱动摁成了音乐播放器，一阵音乐在手术室响起来：咱们老百姓啊，今儿真高兴。

大夫说：别高兴得太早，还没开始拔呢，等一会你觉得舌头发麻叫我。

看着漂亮的小护士，我暗示自己一定要坚强，这时候绝对不能退缩，反正来都来了，想想宫保鸡丁，想想烤鸡翅，想想西红柿炒鸡蛋，想想辣炒鸡杂……不知道为啥，我满脑子都是鸡。这么多美味等着我，想着想着我就觉得脑袋有点发蒙了。我拍了拍大夫：*&*%……

大夫说：知道了，躺下，让我们开始吧。

看他那兴奋的样子，我都不忍心拒绝他。边拔大夫边说：唉，早来就好了。

啥？我很想说：我觉得还可以挽救一下啊。

三下五除二，五分钟不到，大夫说：起来吧。

我看着自己拔出来的牙问：为什么么么么……早来就就就好

了了了了？

大夫说：你的智齿把前面的牙给顶坏了，后期前面的牙可能也要拔掉，先观察观察吧。

我走出牙科医院，望着天空，觉得云彩好美，觉得天空好亮，觉得每个人的样子都很有食欲，觉得人生很美好。我很想跟每个人拥抱，很想带街上所有美女去酒店，然后在被窝里打着手电筒给她们看我那洁白无瑕的牙齿。后期，我又去了牙科医院几次，现在已经完全搞定，而且已经可以每天吃冰块“报复社会”了。

在拔牙这件事情上，我觉得心理的恐惧，甚于实际的恐惧。在去拔牙前，我百般说服自己还可以再缓缓，还可以再坚持下，虽然知道早晚要去，但不到最后一刻不会做出决定。于是一次一次疼痛，一次一次发炎，一次一次在深夜独自流泪到天明。

其实，拔牙好简单，打麻药会稍微有一点点疼，但也就是一微秒而已，五分钟就可以搞定的事情，我们却可以拖几年的时间。亚当·斯密说：人都是经济理性人。理性?! 人就是喜欢麻醉自己，不见棺材不落泪，不到黄河不死心。

我建议有智齿的，不管发炎不发炎，都去拔掉，这玩意儿就是个定时炸弹，与其等到最后让它强暴了其他牙齿，不如现在就做个了断。多大点事儿？想想先烈，抛头颅洒热血建立了新中国，多不容易？你每天在颗牙上纠结，对得起他们吗？

更为关键的是，拔完牙会让人想清楚很多事，牙都可以拔，一个人还有什么事干不出来？

类似的事情还有哪些呢？明知道彼此不合适，还是要强行在一起，觉得自己毕竟付出了那么多，请她吃了那么多次饭，看了那么多次电影，能将就就将就着过吧。结果发现，每天都是魔兽争霸、争吵、憋屈、胃肾两痉挛。拖到最后，两个人分手，才发现自己已经人老珠黄。长痛不如短痛，有些人分手肯定会难过，但不分手的煎熬让人折寿。你不分手根本就不会发现，世界上有那么多更值得爱的人。

再比如，有些工作就是鸡肋，食之无味，工资聊胜于无，虽然可以承担自己的食衣住行，但这样长久地混下去，既不能增长技能也不会有发展空间。每天就这么耗啊耗啊，等到公司厌烦了把你辞退，那时才发现“廉颇老矣”。长痛不如短痛，你不辞职根本就不会发现，竟然有那么多好的公司和前台妹妹在等着你。

不值得交往的人，别交往了。不值得爱的人，别爱了。不值得付出的工作，别做了。这些断舍离所带来的痛苦，跟人这漫长的一辈子比起来，就如白驹过隙。一咬牙，一跺脚，牙就没了，脚就迈过去了。

所以，
人生很多事，
就像智齿。

最佳的解决方式，
是拔掉。
而不是，
忍受。

诗词大会

第一题：下列哪句诗可以恰当地形容琢磨先生的美色？

A. 宗之潇洒美少年，举觞白眼望青天，皎如玉树临风前。

B. 增之一分则太长，减之一分则太短；著粉则太白，施朱则太赤；眉如翠羽，肌如白雪；腰如束素，齿如含贝；嫣然一笑，惑阳城，迷下蔡。

C. 身材儿、早是妖娆。算风措、实难描。一个肌肤浑似玉，更都来、占了千娇。妍歌燕舞，莺惭巧舌，柳妒纤腰。

解析：正确答案 A。

选项 A 来自杜甫的《饮中八仙歌》。整首诗写了八个酒仙：李白、贺知章、李适之、汝阳王李琎、崔宗之、苏晋、张旭和焦遂。写其他人都是写其对酒的嗜好，唯独写到崔宗之的时候，杜甫对他的美色大加赞赏。连杜甫这种忧国忧民的诗人都能按捺不住，可见宗之的美色真的是惊天地，泣鬼神。我们平时说的“玉树临风”就来自这首诗，用来形容琢磨先生真是恰当无比。

选项 B 来自战国时期楚国宋玉的《登徒子好色赋》。虽然词句写得很符合琢磨先生的外表，但这是赋，并不是题干所说的诗，因此题材不符。赋中“登徒子”一向被作为好色之徒的代名词，因为登徒子在楚王面前诋毁宋玉好色，所以宋玉就在文章中反击，说人有三种：登徒子是女人即爱，宋玉本人是矫情自高，秦章华大夫则好色而守德。宋玉说自己是第二种，其实赞同第三种，发乎情止乎礼，多么高明的拍马屁技巧。

选项 C 来自柳永的《合欢带》。正如你明白的，这是词，亦不符合题干要求。而且这首词的最后一句是：况当年，便好相携，凤楼深处吹箫。此情此景，基情四射，你想象一下，不符先生的现状。

第二题：下列哪句可以恰当形容琢磨先生的自恋？

A. 自嫌恋著未全尽，犹爱云泉多在山。

B. 前不见古人，后不见来者。念天地之悠悠，独怆然而涕下。

C. 飞流直下三千尺，疑是银河落九天。

解析：正确答案 B。

选项 A 来自白居易的《游仙游山》。诗句透露出诗人的爱更多在云水景色，而不在自己，体现不出琢磨先生自恋的“自”，主体错误。

选项 B 来自陈子昂的《登幽州台歌》。诗句很好地体现出了先生自恋的寂寞与孤独，看到世界历史上没有一个人比得过自己，立刻产生了一种抑郁的情绪，并且泪流满面，悲痛不已。世界上最大的自恋不是觉得自己好，而是觉得古往今来没一个人比自己更好。

选项 C 来自李白的《望庐山瀑布》。这首诗虽然也气势磅礴、充满想象力，但更适合描述琢磨先生文章的张力，不适合刻画先生内心的自满。而且此句更多描写的是吃货的状态，看到臭豆腐，看到麻辣烫……那种口水直流的样子。

第三题：下列哪句诗词可以形容琢磨先生结婚十年的状态？

A. 十年生死两茫茫，不思量，自难忘。

B. 桃李春风一杯酒，江湖夜雨十年灯。

C. 十年一觉扬州梦，赢得青楼薄幸名。

解析：正确答案 B。

选项 A 来自苏东坡的《江城子·乙卯正月二十日夜记梦》。该词所体现的“政治态度”不正确，体现了苏东坡对亡妻的思念之情……后面还有一句：千里孤坟，无处话凄凉。这是嫌弃老婆死的慢啊。

选项 B 来自黄庭坚的《寄黄几复》。当年春风下观赏桃李共饮美酒，如今江湖落魄，一别已是十年，常对着孤灯，听着秋雨思念着你。诗句充分体现出了琢磨先生出差的快感。

选项 C 来自杜牧的《谴怀》。回想这十年感觉就想一场梦，只在青楼间留下个薄情郎的名声，琢磨先生绝对不会如此自责，而且对先生这种只读过《红楼梦》的人来说，是没有去过青楼这种地方的。

第四题：如果你失恋了，你觉得琢磨先生会怎么劝你？

A. 不畏浮云遮望眼，只缘身在最高层。

B. 满园春色关不住，一枝红杏出墙来。

C. 黄沙百战穿金甲，不破楼兰终不还。

解析：正确答案 A。

选项 A 来自王安石的《登飞来峰》。还有一句我们很熟悉的诗是毛泽东的《七律 · 和柳亚子先生》：牢骚太盛防断肠，风物长宜放眼量。王安石的这句诗体现了任何失恋都是浮云，离开就是在为真爱让路，让自己优秀起来，还缺人爱吗？不如趁此机会让自己不断提升吧。

选项 B 来自叶绍翁的《游园不值》。诗句是说自己反正风情万种，还怕没人来偷情吗？先生不会鼓励此道。再缺爱，亦不能随便出墙。

选项C来自王昌龄的《从军行》。诗句的意思是，对方离开了自己，也要死缠烂打，不信拿不下。如此执念，非先生所提倡。

第八部分 懂交际

不合群者，独来独往的人，必有过人之处。

整天混在朋友之间的人绝对不可能有多大的能力。

受周围人嫉妒、非议的人大多具有能力。

人们从来不会去嫉妒弱者。

人们也不会去踹一只死狗。

让自己发光

我参加的很多活动，一般都会有一个环节，让每个人介绍自己。短短几句话，其实很考验一个人的表现能力。有的人说完令人印象非常深刻，有人说完等于没说。我总结七种常用的方法，大家可以自行选择，最好是对每一招都有个准备，然后在不同场合用不同的招式。

第一种方法：正统介绍法。

适用场合是官方活动。这一方法的格式是：我是谁，来自哪里，目前主要负责什么工作，负责的工作主要是什么，如有可能，用一句话形容一下你的职业比较有趣的地方，然后说“很高兴认识大家”，结束。

用这种方法介绍自己的时候，不要拖泥带水，要干净利索，用字越简单越好。但是，用一句话形容一下这一职业有趣的地方，会给领导留下深刻的印象。比如我是琢磨先生，来自北京，目前主要负责脱口秀策划，脱口秀策划就是让别人说我想说的话。

第二种方法：幽默介绍法。

适用于一些商业活动。采用这一方法要有一个自己拿手的段子：比如我姓郭名城，就是不如郭富城有钱，所以我的英文名字叫 Rich-ard。然后把自己的职业也调侃一下，比如我从小成绩就很差，所以我现在顺利做了一名老师。

这样很容易就让场面轻松起来。这种共鸣建立后，后面的互动就会比较容易了。这一方法的要点是：幽默，不是恶俗。幽默更多是通过逻辑，让听者的智商得到满足，我竟然能领会他的笑点，然后会心一笑，而搞笑是低级趣味让人尴尬地笑，这是一定要区分清楚的两件事。简单说，如果让在场的人觉得有趣就是幽默，而如果会让有些人对号入座引发不适，一般就是搞笑。

第三种方法：场景联系法。

适用于任何活动。这一方法是把参加的活动跟自己联系起来，正常做法是把活动的主旨和自己的身份进行连接。比如我参加博鳌论坛的圆桌讨论：今年博鳌论坛的主旨是全球化，我一直致力于这个主题的实践，我海淘过二十个国家的产品，我是资深购物达人琢磨先生，虽然我住在北京，身不出门，但我购天下物。

这一方法的要点是找出活动的关键词，然后找出自己职业的关键词，将二者联系到一起。练习的方法就是尝试去分析任何两个不相干的事情背后共同的地方。比如你下班路上看到公交站台，又想到自己的职业，将两者联系到一起的角度可以是，每个人的工作都如同乘坐一辆公交车。这个方法需要平时多留意，多练习。

第四种方法：先抑后扬法。

适用于学术厉害的场合。这一方法是先把自己贬一下，让大家心里没有防御，然后再慢慢展现出自己的厉害之处。比如：今天来参加这个活动其实非常尴尬，自认为成就远远没达到，很多人看到我可能也觉得真是百闻不如一见，一见不如不见，我是来自中科院的琢磨先生，主要负责神州20的逃生系统研究……这样吹牛大家不反感。

但反过来，效果就完全相反了。你把大家的心理期待值一开始就提得很高，只要你出现瑕疵，大家就会觉得你名不副实。

第五种方法：平台衬托法。

适用于代表公司出席的活动。在这种情况下，你的介绍要弱化自己，突出公司，这样领导才会觉得你会来事儿。比如我来自中国最著名的帅哥平台，我们已经实现了撩妹的全球性，我是我们平台的首席体验官，我叫琢磨先生。

第六种方法：发问介绍法。

适用于需要拉近跟听众距离的情况。采用这种介绍方法，可以把自己的压力转移给听众，同时又能提高听众的参与度。比如：我想问问在座的有多少水瓶座，大家举手看看，好棒，我们都是一类的，这世界上只有两类人——水瓶座的人和不是水瓶座的人，我们自恋得眼里只有自己，那么大家有多少人是从北京来的，你们没迟到我太开心了，我一个朋友说要来参加这个活动，三天前就出门了，据说现在还堵在二环内呢……

需要注意的是：首先，采用这种发问的方式，一定不要自说自话，而是真的要抽取观众的回答来回应；其次，一定要想好如果没人回答自己怎么办。怎么办呢？很简单，这时候就需要自问自答。比如：我想问问在座的有多少水瓶座，大家举手看看，竟然一个都没有，太好了，那我今天就代表水瓶座来跟大家交流一下。

第七种方法：引经据典法。

适用于任何情况。找一段跟自己背景（名字、性格、职业等）密切相关的经典，作为开场白。比如：《诗经·卫风·淇奥》里说"有匪君子，如切如磋，如琢如磨"，我取了其中两个字做了网名，我叫琢磨先生，今天来跟各位君子切磋切磋。

再比如：英国哲学家洛克说"健康是我们的事业和我们的福利所必须的，没有健康就不可能有什么福利，有什么幸福"，我的职业就是帮助大家获得这个福利，实现幸福，我是一名护士。

每个人，
都是一个特别的存在，
你要做的，
就是让它发光。

沟通是个很复杂的技术活儿

曾经有一部美国电影《降临》，讲述的是外星人来到地球，因为跟人类使用的语言不同，导致冲突频发，最后由语言学家经过数次接触，终于破解了这一难题。这让我想起另一个经典问题：如果你遇到外星人，该如何向它解释你是个什么玩意儿？

沟通是个大课题，不仅不同生物间存在不同的沟通模式，就是同一物种间进行沟通也是障碍多多。比如逛街的时候，我太太穿了一件新衣服，试穿后问我：你觉得漂亮吗？我问：你想我怎么回答这个问题？

她说：你“哦”一声就可以了。

我：?

她：你跟我逛街逛了这么久，我就想问你个问题，以让你获得存在感。

我：哦……

在经历了这么多沟通的劫难后，我总结了跟人沟通的经验和跟太太沟通的经验，这个逻辑没毛病。久病成医，跟太太斗智斗勇久了，我的经验也是与日俱增，接下来我分享一下。

首先，沟通本质上就是个角色扮演游戏，在说话前先要明白自己在当下这个环境中扮演的是什么角色。你上班的时候如果是个前台接待，那你说话当然要客客气气；下班后如果是位母亲，说话当然要母仪天下；在床上是位妻子，说话当然要仪态万方。

如果你上班的时候说话仪态万方、花枝乱颤，别人会以为你痉挛了；如果在床上你母仪天下，老公会觉得是在侍奉慈禧太后，立刻就会无能为力。

其次，沟通要分场合。小两口儿私下可以开点儿低俗玩笑，但如果在朋友聚会时也开同样的玩笑，就会让别人觉得你在性暗示别人了。这就是为什么说理想的夫妻就是，私下里不管如何刀光剑影，但公开场合一定会相敬如宾给对方留足尊严。

最后，沟通要看目的。这件事儿就略复杂了些。

如果对方是来说服你的，不管你说什么，对方都会气势汹汹，所以在这种情况下，你与对方并不在一个频率沟通，与其百般狡辩，不如笑笑就好，并顺道赠送：您讲的很对，真是个高人。

如果对方是来发泄情绪的，听着就好，附带语气：哦，啊，嗯，呀。我有个朋友请我吃饭，说有问题想咨询。结果他自己滔滔不绝地讲了两个小时，我就“哦啊嗯呀”，然后美美地吃了两个小时。这些人本身就具备解决问题的能力，他需要的只是有人倾听罢了。

如果对方是故意来激怒你的，比如你发个自己穿军装的照片，他留言：真像个烈士。对这样的人，你肯定很想用愤怒的话回击，也不是不可，但他可能会更来劲儿。面对这种情况，应该是骂他一百字，然后拉黑，让他无法回击你，憋死他。

如果对方是真正是来征询意见的，你就对他所提出的问题进行解答，知无不言，言无不尽。但也需要注意一点，至于对方会不会接受你的建议，你不必太过在意。说出自己该说的，其他，随缘吧。

如果对方是来显摆的，那你就让他完成显摆的需要好了。比如对方刚热血沸腾地做完一件他自认为了不起的事情，你就没必要泼冷水，你只需要说：很棒，你就是我的偶像。至于要改进的方面，还是等回头再说吧。否则，人家正在兴头上，你这一盆冷水浇下去，叫不识趣。

如果对方是来挑衅你的，你直接回击即可，回击的基本逻辑就是：我就这样，关你什么事儿？比如对方说“你可真是够胖的”，你可以说“关你什么事，你请我吃饭了吗”。比如对方说“你可够小气的”，你可以说“你大气，你发个红包啊，你再发一个啊，有本事直接转账啊”。

如果对方是来暧昧的，应该礼节性地要求对方发一张照片。

如果的确好看，就说：打字太慢了，还是视频吧。

如果的确不好看，就说：我微信好像中毒了，先把你删掉哈……

我就拒绝你，怎么了

人这一辈最宝贵的资源，就是时间。

这个宝贵的资源，要么自己用，要么被别人用。人与人打交道，其本质就是彼此间进行时间争夺战。在这场战争里，阻止别人来抢占自己时间的方法，就是拒绝。

如果你不懂得拒绝，那么在工作中，你的时间就会被别人占用，帮助别人实现他们的工作目标，而你会被老板认为是无所事事。如果你不懂得拒绝，那么在感情里，你就会被认为是没有原则，跟谁都保持暧昧，活脱脱变成一个交际婊。如果你不懂得拒绝，那么在自己的心里，你就会经常痛苦无比，因为你承揽了太多干扰自己正常生活的事情。

我必须要说清楚的是，有三种情况是无法拒绝的。

第一种情况，对自己在乎的人。因为在乎，所以关注；因为关注，所以敏感。那怎么表示你在乎呢？就是在她身上耗费时间。所以女生经常讲一句话：最长情的告白就是陪伴。

第二种情况，刚入职没多久的人，对领导交付的工作。这个时候的员工因为缺少经验，无法确定自己在组织中的地位，所以应该多积累。对领导交代的工作，应该尽量投入时间和精力去完成，你是没有太多资格拒绝的。如果你拒绝了领导的额外工作，公司很可能就会拒绝你。

第三种情况，你欠下的债。俗话说：欠债还钱，天经地义。欠下的人情债也是如此，只要你有求于人，就要做好将来补偿的准备。这种债，在你开口的那一刻就欠下了。如果将来别人再找你帮忙，你拒绝的代价就是被别人说人品不行，你自己也会觉得愧疚。

除此以外，对待其他情况，你就需要适当地学习一下拒绝的艺术了。

第一种情况的拒绝，是对普通关系的人。拒绝的方法是：立刻拒绝，加一个简单的理由。如果你不想帮忙，也无能为力，你自己心里是很清楚的，那就可以立刻拒绝，而不是碍于情面，说我考虑一下。你这样耽搁别人事情不说，还会让自己无端生出很多烦恼，因为你把别人的压力接过来扛在了自己身上。

另外，这个层级的拒绝，只需要提供一个简单的理由就可以了。这个理由解释得越复杂，自己越理亏。曾经，一个朋友打电话给我让我帮忙，我说：不好意思，真的帮不到你。然后，我解释了好一会儿。

他说：那好吧，这次你欠我的，回头儿请我吃个饭补偿我哦。我勒个擦，明明是你来求我的好吗？怎么挂断电话平白无故地就欠别人人情了呢？后来我想通了，原因是我解释得太复杂了，复杂到我越说自己越不好意思，直到把自己说理亏了。对方就顺杆爬，顺水推舟让我亏欠了他。所以，拒绝最好简单直接，然后提供一个简单的理由，对理由不需要再解释。

比如：这个我帮不到你哦，因为我不认识这方面的人。

第二个情况的拒绝，是对有合作关系的人，比如同事试图把一个工作抛给你。如果你答应就会影响自己的工作，导致自己的效率和进度受影响，面对这种情况，拒绝的方法是有条件的拒绝。

比如，你可以说：我可以帮你，但必须要先完成我手头的工作，我大约还需要两天才能做完，你看能不能等得及，如果等得及，我有时间了就告诉你，如果等不及，就看看别人能否帮你。

第三种情况的拒绝，是对那些乱七八糟、自己不想理会的暧昧，或者一看就是群发的借钱求助之类。拒绝的方法是沉默，不必搭理。意思就是，表达你是的自由，但我可以选择不接收。在这种情况下，一旦你回复了，对方就会百般纠缠，让你陷入本来不该有的爱恨情仇中。你要做的，就是克制回复的欲望，直接把信息删掉即可。

你也不用觉得不好意思，本来自己又不理亏，也不亏欠对方什么。如果将来见面对方问起，就说没看到就好了。如果对方并不问起，你也装作什么都没发生即可。

拒绝是一种艺术，
更是一种勇气。
我很忙，
我有自己的路要赶，
我并不是你随意就可以麻烦的对象。

不要轻易接受别人的压力

如果有人借了你的钱迟迟不还，我不知道你会怎样：是不是会辗转反侧夜不能眠，是不是每天都唉声叹气、胸口发闷，是不是会找一些朋友去寻求对策问这事儿怎么办？其实，如果这事儿

你看天上那朵云，
像不像你借我的两百块钱？

你问我，很简单，直接告诉对方该还钱了。

这事儿的压力应该在对方身上，而你自己一个劲儿的想三想四，就把压力背负在了自己身上。明明是别人对不起你，想多了以后，反而觉得自己催别人还钱很愧疚。这都是没有区分清楚压力责任方所致。

不要把别人该有的压力，背负在自己身上。

我曾经在美国的一家银行办了一项业务，回国后，收到了当时办理这项业务的银行职员的一封邮件，大意是业务办错了，遭到主管的斥责，要求我尽快返回美国重新当面签字，这事儿才能更正过来。

我电话问她：是我签错了吗？

她说：是我操作不当。

我说：那就跟我没关系了？

她说：我刚到这个银行上班，还在实习阶段，如果这个事不能处理，我很可能就要倒霉了。

我说：所以我应该飞去美国给你签字？

她说：帮帮忙。

我说：我考虑一下。

挂了电话后，这事儿立刻就给我带来了很大的压力。想想看，我本来生活无忧无虑，快快乐乐地吃着火锅、唱着歌，每天晒晒太阳、读读书，就因为这位职员的工作疏忽，立刻给我带来了烦恼。这个烦恼就是，如果我不帮她，我的良心就会不安，因为她刚加入银行，又在实习阶段，万一主管真要难为她，她可能就真麻烦了，如果她上有老下有小，万一她再一下想不开……

可是如果我帮了她，我就需要付出几天的时间和两张国际机票，要么精神受创伤，要么时间和金钱受创伤。

就在我犹豫的这段时间，她天天半夜给我打电话哀求，简直就成了午夜凶铃。每次挂了她的电话，我都深深地焦虑，在去与不去之间犹豫。在思考了几天后，我给她回复了一封邮件，大意是：这是你的工作疏忽，并没有我的责任，你把这个本该你承受压力的事情扔给了我，我最终的选择是不接；出于好心，我可以传真我重新签字的文件，你们主管也可以跟我视频通话确认，但你让我返回美国当面去办理，不好意思，我不能配合；如果这件事造成了你的离职，希望你将来可以找一份好工作，而且不再犯类似的错误。

我不想因为你的错，干扰我的生活。我选择把压力踢回去给你。

或许这世界就是一个互相传递压力的场所，就看谁心软。你心软了，犹豫了，你的压力就来了，别人也都会把本该属于自己的压力，都转嫁到你的头上，最终让你狼狈不堪，他们反而吃着火锅、唱着歌，快乐地看你如何解决。

有位“蜘蛛大侠”的伯父虽然说过：能力越大，责任就越大。但有时候，我们不得不冷漠，因为冷漠才会让事情简单，而不是把所有压力都自己扛。要让每个人都负起自己的责任，你才不会被巨婴包围，都等待你不好意思，然后他们毫无愧色地逍遥自在。

所以此刻，如果有人借了你的钱该还了，立刻告诉他，不要再自己纠结了。这本就不该是属于你的压力。

如果别人该履行的协议没有兑现，那就明确告诉对方，让对方去焦虑，然后自己该吃吃，该喝喝。这本就不该是你焦虑的问题。

如果遇到满是抱怨的人，听听就好，不必回应，也不必挂在心上。因为这本就不该耗费自己的精力。

如果能帮上别人的就帮，如果帮不上的，明确告诉对方，不要给对方期待，也不要给自己压力。否则到最后，你也焦虑了，最终还帮不上。别人会说：帮不上你早说啊，这不是耽搁事儿吗？

是谁的问题谁负责处理，是谁的责任谁就应该担当。所以，当你紧张、焦虑、纠结、愧疚的时候，想一下：这是你该承担的吗？

如果是，立刻行动；如果不是，立刻转移。

如此，你的生活立刻就阳光明媚起来。

值得交往的三种人

我曾经表达过一个观点，要跟长得好看的人或者真正有水平的人交朋友。因为一个人若缺少关注，或者不安全感强，就非常容易嫉妒，俗话说“丑人多作怪”。嫉妒表现出来并不一定是行动上的，而往往是言语上的，比如咄咄逼人，比如尖刻万分。而一个不缺少关注与存在感的人，就会随性自然，不会给别人带去压力。

其实好看不好看这事儿，见仁见智：诸葛亮的夫人黄月英，以丑著称，却才华横溢；商王帝辛的妃子妲己，倾国倾城，却祸国殃民。美跟丑从来就不是判定一个人的标准，我修正一下我的看法，我觉得“正”才是交朋友的标准。

“正”有三层意思。“正”的第一层意思是有正气。我的一个朋友，每天都在关注各种社会负面新闻，看他的朋友圈就跟看犯罪现场一样。不仅如此，他每天还会精挑细选那些恶心的新闻发给我，轻则文字凄惨无比，重则图片血肉横飞。但我是断断不敢跟他搭话的，因为只要一回应，他就会噼里啪啦地痛斥个没完没了。他的世界仿佛伦敦的天气，很少有阳光。

我也关注一些社会的负面新闻，但正常来说，只会自己消化，很少转发给别人。如果要转发，我也是为了引起舆论的重视。我很少跟我的朋友、家人讨论这些事情，因为我不确定他们愿不愿意听，我也怕破坏了他们美好的心情。

关键是，这些事情其实是极易引发不同见解的，现在的媒体这么没节操，报道都是一天一变。所以，朋友们在看待这些事情时，往往三观差异很大。我这个朋友经常在朋友圈跟人争吵，用大段大段的文字跟人辩论。这样的人，就如同一个随时会爆炸的火药桶，我是避着走的。

我认同这社会有很多黑暗，但没必要让自己生活在黑暗里。如果自己心甘情愿生活在黑暗里，不要总是企图拉别人也生活在黑暗里。毕竟，很多人都喜欢活在阳光里。

“正”的第二层意思是正直。何为正直的人？就是非常明白自己的价值，始终找得到自我的人。这样的人不会轻易给别人带来压力。如果一个不清楚自身价值的人，就很容易从外界寻找存在感。万一别人比自己过得好，他就会很难受。万一别人比自己优秀，他就会很失落。这种嫉妒，会让别人在跟他交往的时候非常灰心。因为他的言语里释放出的，全部是对你的否定，因为只有通过打击你，他才会得到些许的存在感。

否定别人，抬高自己，是很自卑的一种表现。正直的朋友会通过抬高你，来显示自己交友的不俗，而不是通过贬低你，来证明自己有多么优秀。

一个能始终找的得到自己的人，往往是在某个领域真正有建树的人。这样的人因为不缺少关注，所以不会时时刻刻与你争个你死我活。

“正”的第三层意思是有正念。有正念的人有一颗切切实实想帮助别人的心，能够助人。当然这一切一般都建立在自己不缺的情况下，一个人很难给别人自己没有的东西。自己没有爱，就无法爱别人。这种帮助也未必是金钱上的资助，而是一种助人成事的心胸。

比如在公司里愿意将经验传承，在朋友中愿意成人之美。这种人往往身边聚集着很多人，因为在他身边，所有人都可以得到成长。

这就是我所理解的“正”。

正气、

正直、

正念，

才是正经人。

跟正经人交往，

跟不正经的人 Say Goodbye（说再见）。

VCC
9141
VCC
9141

第九部分 懂人性

我欣赏人格独立的人，进可保持风骨，退可安守本分。不管遇到什么达官贵人、皇亲国戚、富贾大商，他们都能平淡如水。握手也好，不握也好，微笑也好，不笑也罢，你是你，我是我，在蜂拥的人群中，我看见你，很好。

我尊重你，但我不会谄媚你。

我欣赏你，但我不会没了自己。

等喧嚣过去，迎着阳光说一句：今天天气真好。

那时候

那时候，
我们说着彼此的故事，
换乘数辆摇摆不定的公交车，
穿越整座城市，
去寻找一家餐馆。
推门进去坐下来，
在老板的注视下，
翻动餐单，
你来我往点好佳肴。
而后你一言，
我一语，
觥筹交错，

影子投射在玻璃窗上，
如同上演一出皮影戏。
现在打开微信，
把通信录从上滑到下，
找不到一个说话的人，
然后看到有人在朋友圈发了美食的照片，
我留下一个赞。

那时候，
夕阳下的咖啡店，
碎花窗帘半垂下来，
我们依靠在窗边，
看外面很多路人，
行色匆匆，
装点了窗户。
捧在手里的书，
被咖啡熏满了香气。
读一句也好，
读一段也罢，
没人催，
没人吵。
没什么特别的索取，

也没思考出什么道理。
就只是觉得，
一种安静的美。
现在，订阅了无数阅读，
还付了费。
除了前几天的新鲜，
几乎就慢慢不再打开，
打开也是写满了焦虑，
仿佛再不阅读，
就被世界抛弃了。
于是，狠狠心，
又定下了一档别人读书的栏目。

那时候，
我们吃完晚饭，
各自要回家。
我说要不我送你，
你轻声说好。
一路上，
胆战心惊，
唯恐我的手触碰到你的手。
走了不知多久，

竟然没一个人说打车。
到你家楼下，
看你上楼离去，
你不坐电梯，
从楼梯一层一层走上去，
每一层的灯光都为你亮起，
也点亮我内心的光亮。
现在，微信上问：你睡了吗?
对方说：有什么事?
我说：睡吧。
然后关上灯，
心中一片黑暗。

那时候，
拿了每个月的薪水，
装在信封里。
每一张，
都是每一天的期待。
钱太少，
不舍得存银行，
就塞在住所的每一个角落。
有时候忘记了，

偶然翻出来，
那种喜悦的感觉，
如久旱逢甘露，
他乡遇故知。
朋友婚丧嫁娶，
一张一张装进信封，
封好口，
写上祝福和自己的名字。
每一张，都饱含着真情。
现在发工资，
收到一条信息提醒，
账户上改变了数字。
朋友结婚，
我说：太忙怕是去不了了。
他说：要不，微信和支付宝也都可以。

林语堂与十大恶俗

林语堂曾经写过非常经典的《今人的十大恶俗》，我觉得在当下社会依然适用。所以，接下来我就借花献佛，来点评一下林语堂的十句话。

第一，腰有十文钱，必振衣作响。

朋友聚会聊天，经常听到的声音就是，我的房子又赚了多少钱，我的股票又翻了几十倍……有钱是好事啊，但是埋单的时候又不见他出手，你说这不招人恨吗？有位戴眼镜的长者曾经告诫我们：大家别吼，闷声发大财。谈钱是个很恶俗的事情，因为你又不分给别人，说出来无非是炫耀自己很厉害。别人也有钱还好，如果别人没钱，那简直就是勾引别人犯罪。

今天，这句话其实稍微有些修改，应该改为：腰有十文钱，必朋友圈显摆。分享生活，分享心得都可以，唯独没有必要的，就是穷的只剩分享钱了。这个社会的阶级矛盾在深化，底层的人很难拼出头，既得利益者就要尽量保持低调。因为坦白说，很多人的钱，也经不起探究。

第二，每与人言，必谈及贵戚。

一个人往往只有觉得自己份量不够的时候，才会喜欢拉别人来垫背。比如，曾经有个代表亚洲的青年就说过：我的好朋友克林顿……不仅是贵戚，甚至连跟名人拍个合影都恨不得做成头像。我最瞧不起的是，在公司走廊里张贴跟名人领导合影的，以为这样可以加持。却不知道风水轮流转，合影的那人幻灭了，自己也得跟着倒霉。

别人是别人，自己是自己。如果总拉别人出来以显示自己的厉害，万一有一天别人遇到事情，需要你的贵戚或朋友帮忙，你说这牛都吹出去了，你是帮还是不帮。

第三，遇美人则急索登床。

在社交工具泛滥的时代，认识人越来越容易。曾经，谈恋爱是先玩小暧昧，然后辗转反侧想怎么发出一条短信，见面则手心出汗，在初春的某个下午她故意摔了一跤，才终于牵手……在今天这社会，很多人刚认识，刚搞清楚性别，甚至都还没搞清楚性取向，就开始问到底是去如家，还是去锦江之星了。

如果对方拒绝，立刻就拿同样的话去问另一个。其效率之高连宋朝妓院的老鸨都自叹不如。

第四，见问路之人必作傲睨之态。

这句话主要是说对陌生人的态度。整个大环境造成的彼此不信任导致人与人之间变得冷漠，即使不帮忙也不必嗤之以鼻。我印象最深刻的是第一次去美国：大早上跑个步，遇到每个不认识的人都跟我微笑着说“Hi~”。反观我们，基本都是眉头紧锁，心事重重，心急火燎。

这事儿我觉得倒未必是对路人，而是让自己保持一份美丽的心情吧。记得儿子上幼儿园的时候，我带着他说：快点快点，爸爸着急回家做方案呢。儿子说：反正你快点慢点都能回家。我心里一顿，马上就放慢脚步，跟儿子边看路上的花花草草、虫子小鸟，边愉快地聊天回家。

第五，与友人相聚便高吟其酸腐诗文。

这句话的意思就是无时无刻不忘记显摆的意思。现在倒是不这样了，因为大家聚会没人聊这个了，只是低着头看手机。所以，这句话今天应该改成：与友人相聚便低头看朋友圈点赞。

第六，头已花白却喜唱艳曲。

如果今天林语堂晚上出门看到广场舞，会觉得很震惊吧？我想他主要是想表达为老不尊吧。与唱艳曲相比，我更讨厌的是在公交车上那些因为别人没注意到自己而没让座，就动辄对年轻人破口大骂的老年人。这叫头已花白却毫无廉耻。再想想摔倒碰瓷儿的，更是让人心寒。人的素养没有随着年龄的增加而厚重，就很难让年轻人尊重。

第七，施人一小惠便广布于众。

做慈善这种事情，我通常觉得应该感谢自己帮助的对象，因为对方给了自己一个机会去表达爱，这种表达可以让自己内心愉悦。

帮人这种事情，就是图个自己乐意，甭想着别人感恩戴德，最好帮了就忘记。否则，老惦记这事儿给别人很大压力，到最后甚至让别人讨厌见到你，因为一见到你，就觉得亏欠你。最美好的情景莫过于，若干年之后，一个说当年如果不是你帮我……另一个说你要是不提，我都忘记了……

第八，与人言谈便刁言以逞其才。

这就是嘴贱的意思。比如你在朋友圈里发了一张精挑细选的照片，满心的欢喜，有人过来评论说：磨了十次皮的效果吧？你会不会立刻想把他磨成粉？比如你努力工作获得了奖赏，有人在午餐时冷冷地说：其实谁遇到这样的机会都会做得不错。你会不会立刻想把对方变成午餐，咀嚼成渣？这不是率真，是嘴贱。

什么是成熟？我曾经读过一个定义：成熟就是在表达自己和体谅对方中间寻求一种平衡。一个人只懂得表达自己，那是专断和独裁。一个人只体谅别人，那是懦弱和虚无。而在两者之间找到平衡，也就如同挥拳出去的那一刻，懂得控制角度和力道。这才是真正成熟的人吧。

第九，借钱时其脸如丐，被人索债时其态如王。

关于借钱这事儿，好在现在支付宝、微信等都可以贷款，所以有人借直接建议他去那里，又简单又方便。有方便的途径不借，非要借朋友的呢，那明显就是不想还了。求人时唯唯诺诺的像孙子，该尽义务的时候却躲躲闪闪不讲道义。

第十，见人常多蜜语，而背地里却常揭人短处。

在所有人品中，我最不能接受的就是人前一套，人后一套。比如当面论哥们儿兄弟，背后却搬弄是非，其危害让人防不胜防，因为害你的是你信任的人。

对于这样的人，果断绝交，因为你不知道他还会如何伤害你。自己应该尽量避免做这样的人，对朋友应该坦坦荡荡、光明磊落，有不爽当面讲，而背后应该维护朋友。我用一生的时间在修炼这个品行。

四十年目睹之怪现状

今天不是要讨论林语堂的“今人十大恶俗”，而是我眼中的

“今人四大恶俗”，毕竟林老爷子没见过今天这个奇葩辈出的年代。所谓恶俗，就是已经完全摒弃了廉耻境界的行为，接下来与诸君介绍一下。

第一，张嘴就要钱。

也不知道从什么时候开始，关系的维系变成了红包的交易。比如某日一朋友在圈发帖宣布自己三十大寿，三十而立着实不易，我立刻点赞以示支持，没成想她紧接着一则信息传来：只点赞不发红包，算什么朋友呢？我想了想回复她：炮友谈钱，我对你无炮可约。

现代人要红包已经到了恬不知耻的地步，自己过生日要红包倒也罢了，还有那种自己儿子过生日也向别人讨红包的，搞得好像别人对这孩子参与过股份一般。红包这种事情，一讨便显得下贱了。别人主动给，是自觉，是高尚，是伟大的情怀。你去讨要，气势上先低了半分。如果别人再不给，那就尴尬万分了。

第二，交往就显摆。

有些交际场合是需要显摆的，比如各种所谓的酒会之类。但不能不分时间，不分地点，只要是交往就显摆，也可以说只要遇到人就显摆。女的说：我老公给了我买了一个 CHANEL（香奈儿）包，哎呀，这个月也才送了我两个。是啊，其他的你老公都送给别人了吧，有啥好奇怪的。男的说：我上个月干了 72 个女人。你干的是孙猴子吧，他一变你就以为干了一个新的，这么说，你老婆爱上了整容啊。

所有显摆都为了一个目的，让你看看我多厉害。一个人不能通过外界的认可来赢得自信，这种方式总在极度自信（在不如自己的人前）和极度自卑（在比自己好的人前）间摇摆，轻则抓狂，重则抓狂、神经分裂。

第三，随意就播音。

无论是在高铁上还是在飞机上，总有一些人看视频或听音乐不用耳机，让在旁边的人如坐针毡。甚至我还遇到过一个人在电影院里，竟然不带耳机看网剧，你说你浪费这电影票干啥？坐旁边的观众提醒她，她还很不乐意地说：电影声音那么大，声音小了我什么都听不到。那振振有词和不要脸的样子，真的很让人气愤。更夸张的是，我有一次坐飞机，坐旁边的人竟然一直在放大悲咒，还一个劲儿嘟嘟囔囔地说：上天喽。

不打扰别人是基本的礼仪，很多中国人在自己一个人的空间里找不到自己，在跟别人一起的空间里完全没有别人。我觉得这种人的素质简直差到了极点。某次坐飞机，坐旁边的一个哥们儿把 iPad（苹果平板电脑）的声音开得很大，愤怒之余我转头一看，他竟然在看《财经郎眼》。我问他：你知道这个主持人是哪个大学毕业的吗？他说：哪个？我说：北大。他说：那又怎样？我问他：你知道他为什么能考上北大吗？他说：为什么？我说：因为他坐飞机都会戴耳机。他“哦”了一声略有所思地把声音调得更大了……

第四，抬脚就插队。

我一个朋友曾经跟我吹嘘，他说不用早到机场，最多飞机起飞前40分钟到，这样不用耽搁一分钟。我问：你怎么保证一定能赶得上呢？他非常自豪地说：我每次都插队啊，只要跟前面的人说“不好意思，我要迟到了，我急着登机”就可以了。我望着他那副志得意满的样子，特别想把我前面讲的那个在电影院里看网剧的女孩介绍给他，不要脸的人都特别登对儿。

偶然插队我可以理解，谁没个意外呢。但你总期望通过插队来占别人的时间，简直就该天打五雷轰。秩序在他们眼中是别人该守的规矩，而这也正好是自己捡便宜的机会。因为大家都守规矩，自己不守，就占了天大的便宜。

希望这样的人，在人生的最后关头也加塞儿：不好意思，我插个队，我急着死。

我曾七次鄙视自己的灵魂

著名诗人卡尔·纪伯伦曾经写过一首小诗，名字叫作《我曾七次鄙视自己的灵魂》。纪伯伦这首诗的深刻之处在于，他敢于直视自己内心和表现的矛盾之处，而不是用自己的伪装，麻痹了真正的自己。今天，我来注解一下纪伯伦的这首诗。

纪伯伦的第一次鄙视是，当灵魂本可进取时，却故作谦卑。很多人其实分不清楚谦卑和进取的尺度，比如公司的年终奖你其实可以争取一下的，但一想到需要去讨好领导，还需要在应酬的时候对自己明明不喜欢的人和颜悦色，于是摇头作罢。但是作罢之后的不甘如何化解呢？就自我解释为谦卑。因此很多人的谦卑，其实不过是懦弱的代名词罢了。

你有的东西，让出去，这叫谦卑。你本来就没有的东西，选择了放弃，这叫自暴自弃。就像哲学家斯宾诺莎的故事：在他的父亲去世后，他的姐姐要独占财产，斯宾诺莎坚决予以反击，为此打起了官司，结果斯宾诺莎赢了，但他马上把赢得的财产又送给了姐姐。意思就是：是我的，必须是我的；但我送给你，这是我的决定；而你，不可以侵占属于我的东西。

打官司争取自己的利益，这叫进取。在赢得官司后愿意放弃，给对方留下尊严与余地，这是谦卑。

纪伯伦的第二次鄙视是，当灵魂空虚时，用爱欲来填充。此处纪伯伦说的是爱欲，并不是情欲。爱欲包括了情欲，也包括了物欲，也包括了对身体的放纵。很多人的爱欲，是一种霸占与掠夺。比如他们认为占有了一个女人的身体，就占有了一个女人的灵魂，当自己占有的身体越多的时候，就获得了存在于这个世界的意义。这是典型的爱欲的表现。其实，你什么都占有不了。

爱欲从本质上来说，是自己的不安全感，比如在早期的恋情上受过创伤，在后期就会表现为占有欲。其实，灵魂的空虚，用外界的占有永远不可能填补。哪怕你占有一个又一个的身体，也会在亲热过后，立刻听到魔鬼的笑声。

一个人的空虚，只能靠内在的充实来满足，比如寻找到工作的意义，再比如让自己的存在有价值。空虚时，不要向外探求，而应向内探索。佛偈有云：借来的火，点不亮自己的灯。

纪伯伦的第三次鄙视是，在困难和容易之间，灵魂选择了容易。我还看过一句挺有感触的话，来自《闻香识女人》：如今我走到人生的十字路口，我知道哪条路是对的，毫无例外，我就知道，但是从不走，为什么，因为太苦了。

因为太苦了，所以宁愿选择容易让自己在舒适区里沉沦。沉沦是让人快乐的，因为只需要按照惯性简单重复即可，无须耗费太多的精力。但如此，一个人也就永远得不到成长，每一次我觉得不可能完成的事情，最终都完成了，并且因为挑战而积累了大量的经验。

人生的每一次拔高，都与自己的挑战密不可分。一个人不必总想着比别人好，着眼点不要放在别人身上，我们需要做的，只是比自己的过往更优秀。挑战自己的舒适区，不要让未来的自己，叹息当下浑浑噩噩的自己。

纪伯伦的第四次鄙视是，灵魂犯了错，却借口别人也会犯错来宽慰自己。因为每个人都可能犯错，因此我犯了错是可以被宽慰的，只要一想到别人也可能犯错，自己立刻就先原谅了自己。这种念头，其实就是一种在烂人堆里看谁更垃圾的态度，会让一个人越陷越深。因为他们总可以在浑浑噩噩的人群里，找到可以攀比的下限。

一个人要想出类拔萃，必须不断向上寻找参照物，而不是向下。每次犯错，要从中总结经验，让自己成长，这样下一次就可以改善。如此，犯错才有它的价值，而不是用一句“反正别人也会如此”，就轻轻略过。

纪伯伦的第五次鄙视是，灵魂自由软弱，却把它认为是生命的坚韧。一个人经历大风大浪、起伏波动，依然可以笑傲江湖，这是生命的坚韧。但如果因为害怕而一味选择逃避，则是灵魂的软弱。一个软弱的灵魂最主要的表现，就是自甘堕落。

要让生命变得坚韧，就永远不要忘记初衷。一个有强大目标指引的人，才不会有软弱的灵魂。这就是那句至理名言：前进的马队，不在乎路边的狗吠。所有打击，都变成了垫脚石。所有创伤，都增加了自己的抗体。每次失恋，都多了一个陪练。把所有失败都当作背景，自己伸出手“欧耶”，然后收拾心情，再次上路，这才叫坚韧。

纪伯伦的第六次鄙视是，当灵魂鄙夷一张丑恶的嘴脸时，却不知那正是自己面具中的一副。我们急于忙着鄙夷他人的丑恶，却忘记了自己也有如此的特征，只是忘记了反省。这也是很多人的处世之道：严以律人，宽以待己。

比如有人刚随地吐了一口痰，就说别人吐痰不讲公德。比如有人刚用马甲去污言秽语地辱骂了别人，转身就说这世界上的人没有起码的素养和对人的尊重。这就是为什么很多人最终都变成了令自己厌恶的样子，因为自己本身就具备了所有令人厌恶的特质，而自己又没有加以克制，最终越演越烈，走向了自己当初鄙夷的那面。

纪伯伦的第七次鄙视是，灵魂侧身于生活的污泥中，虽不甘心，却又畏首畏尾。曼德拉的名言好像很好地诠释了这句话的意思：

> 如果天总不亮，那就摸黑生活；如果发出声音是危险，那就保持沉默；如果自觉无力发光，那就蜷伏角落。但不要习惯了黑暗就为黑暗辩护，不要为自己的苟且而得意，不要讽刺那些比自己更勇敢的人们。你可以卑微如尘土，不可扭曲如蛆虫。

每个人自保，当然可以理解。但是不跟随作恶，也应是每个人坚守的底线。

纪伯伦七次对灵魂的鄙视，好似深夜对灵魂的七次拷问。每个人都本应有更高贵的灵魂，却在自己的一次次纵容中，忘记了它的真实面目。那么，你是选择继续纵容，还是让自己重新高贵起来呢?

诗人很伟大的一个地方在于，将文字浓缩压榨，然后精炼成最深刻的表达。而我却把纪伯伦的诗句解读成了一篇文章，如果他泉下有知，棺材板估计都按不住了。其实他不知道，我对孔乙己的“回”都能写出一篇万字长文，还包括了四种解读的角度。从稿费上来说，我赢了；但从文字的张力上来说，远不及一个诗人。

你根本不知道怎么得罪了别人

在生活中，有很多事情，我们让别人很不舒服，自己却浑然不知。最后朋友没得做，两口子闹离婚，自己还觉得自己像个无辜的小清新，真是很傻很天真。

比如我特别不喜欢微信上有人来跟我说：在吗？

有事儿就说事儿，什么在不在的？直接把你想说的事情说清楚就好，多这么一句“在吗”啰里吧嗦的。微信在手机上，手机一般都在手边，还能不在吗？对这样的人，我一般都忍住不说话。直到对方把要说的事情说出来，我再决定在不在。

真正好的做法应该是，把自己想说的话直接说出来，然后结尾说：在你方便的时候回复我就可以了。如果别人能帮得上，在方便的时候自然会回复你。如果别人帮不上，就可以一直不方便。这就是给别人留个台阶，也不至于人家帮不上就破坏了关系。

此类的事情还有，比如邀请别人参加活动，不必问：地址你知道的吧？多这么一句废话的功夫，不如直接把地址发给对方，你应该默认对方不知道。简单说：能够一句话说清楚的事情，就不要再麻烦别人回答。

还有一种人见面时或者在微信上喜欢说“你还记得我吗”“你猜我是谁”。

我管你是谁啊，这种问题都是诈骗团伙的开场白，好吗？大家现在每天都认识那么多人，你又不是天生丽质的那种，又没每天发红包给我，记得你干什么？人啊，没必要把自己看得那么重要，跟人交往应该主动让别人想起自己，比如说：我是某某某，我们曾经在某某场合见过。

得体的社交，
就是不要让别人尴尬。
不让别人尴尬，
也是不让自己尴尬。

有些人觉得我明明是做了一件好事，为啥别人还讨厌我呢？比如一群人聚会，人家刚抠完鼻屎，准备趁没人弹掉，结果你眼力劲儿好，把纸巾递过去。你这就是等于举了个探照灯打人家身上，人家不恨你才怪。并不是所有事情都要那么有眼力劲儿的，在别人想掩藏自己或者不想引起别人注意的时候，你该做的就是装作没看见。

同样的事情，比如大家聚会，你男朋友的黑色衣服上有很多头皮屑，如果你觉得为了他好，一通打扫，这效果也等于让探照灯聚焦在他的头皮屑上了。本来大家都没在意，结果被你这么一折腾，都留意到他的头皮屑了。接下来，男朋友发火，你还觉得特无辜，觉得我都是为你好。但是你这个“为你好”，还不如冷漠来得好，因为你让对方非常尴尬。

还有一种常见的情况是，自己费了好大的劲儿忙活了半天，别人却不满意，原因在哪里呢？是因为你把过程给“黑箱操作”了。比如答应别人的事情，你应该把中间的进展告诉对方，而不是只给对方一个最终答案。告诉别人中间过程的目的：一是让对方看到你的努力；二是让对方知道进度，也好心中有底；三是有问题中间可以随时调整。

见过不少人，接下一个事情后，闷着头就去做。你怎么知道你做的就一定是别人想要的？保持“过程沟通”，哪怕最终你没有做到，别人也很清楚你为此努力了什么。

生活中的很多事情，我们只站在了自己的立场看，而忽略了别人的感受。结果往往是自己费了不少力，别人还对你恨之入骨。如果我们在说话或者做事情的时候，能够考虑可能给别人带去的困扰，再决定怎么做，就会得体很多。

而所谓的得体，就是避免给别人这些困扰。

人行道
马道

第十部分
懂善恶

人总是这样的矛盾：当你去相信时，被骗得遍体鳞伤；当你习惯性地怀疑时，却偏偏有人那么善良，让你觉得对他们的怀疑其实是自己内心肮脏。

冈仁波齐的朝拜

相信很多人看过《冈仁波齐》这部电影，我是在一个梅雨天看的，电影院里就我、一个老婆婆和一对情侣：老婆婆正襟危坐地看完；我激动不已地看完；那对情侣好像很烦躁，没看完就走了。

没有类似的经历，就不会有多少感受，不管是一部电影，还是一个人。电影讲的是一个普通的藏民，要带着叔叔去拉萨和冈仁波齐这座神山朝圣的故事。因为听说他们要去，村子里还有很多人加入了这个队伍，有青年，有孕妇，有杀牛太多怕遭到谴责的屠夫，还有一个小姑娘，一共十一人就这么出发了。

他们走过的318国道，我也走过，所以每一个地方我都熟悉。我自认为不过就是跟着电影回顾一下旅程而已，但是看到这群人走出村子在路上扑下身子叩拜的那一刻，我还是被震撼了。

前往拉萨有很多种方式，有人坐飞机，有人开车，有人骑摩托车，有人骑自行车，有人步行，还有人一拜一叩地前行。没有宗教信仰的人，或许只会对金钱下跪，或许只对权力下跪，但有宗教信仰的人，会为他们心目中的信仰下跪。下跪前首先要祷告，然后长扑向前，身体全部接触地面，然后头磕在地上，再起身，继续这个动作，从出发点一直到朝拜地，近2000公里，耗时一年。

刚出发的时候，或许我们都像队伍里那个小姑娘，充满了幻想和猎奇的心理，别人朝拜我也朝拜，别人诵经我也诵经，懵懵懂懂就被人流带着前行了。走在半路就发现，完全不是那回事儿。有风、有雨、有雪、有冰雹，每一次挑战都是人生中的一次劫数，逃不掉。

在路上，这个队伍突然遭遇了一次雪崩，石块被雪裹挟着砸在公路上，正好砸在小姑娘身旁。这时，大人立刻趴在上面帮小姑娘遮挡，因为她小，所以总有大人的庇护，但成年人就没那么幸运了。

一个成年人被砸中了腿，导致这个队伍休整了两三天。这个人一直念念叨叨："我为什么这么倒霉？我盖房子的时候死了两个人，结果赔了很多钱。我爷爷没干过坏事，我爸爸没干过坏事，我也没干过坏事，我都带着孩子去朝拜，为什么还被石头砸中？我为什么这么倒霉？"

大家不知道怎么安慰他，只好说：其实很多人都这样，不是你一个人。

是啊，很多人都有他这样的困惑：为什么上天就是不公，我不害人，为什么总是被人害；就算别人不害我，老天为什么总是让我倒霉？其实，我知道答案。

那就是：每个人都是在修行，每一步，所谓的坏事，都是在积累。只有在未来的某时你回首看时，才会觉得这不见得是坏事。只是深陷其中的人，体会不到。我大学毕业实习，被安排去卖女士内衣，也觉得自己怎么那么倒霉。后来女朋友跟我分手，我也在想我怎么那么倒霉。后来很多同学都一千多元的工资了，我的工资只有每个月不到 500 块钱，我想我怎么那么倒霉。

现在回首想，那都是顺理成章的事，那时的倒霉都是在把自己推向未来，如果顺顺利利或许我已经留在原来的单位。幸运或者倒霉，都是在此刻的判断，但这都是自己人生的组成部分，它们推动着自己前行。所以，暂且不要下判断，早晚有一天你会释然。

这一路上，还有人会突然给你上一课。有位老村长看到这支朝拜的队伍，一一指出了他们的问题，比如小姑娘不虔诚，屠夫带着头巾，小伙子头没有磕在地上……让我想起了一句话：有些人在你生命中出现，就是为了给你上一课。

如果你没有从中成长，就只会受伤害。这个上课的人未必是村长，也可能是离开你的恋人，她的出现只是让你明白你应该好好学习怎样爱一个人。这个人也可能是你的一个领导，他的出现或许只是让你明白认真工作的重要意义。哪怕这个人是个人渣，把你暴打了一顿，他也让你学会如何躲避伤害。

虽然这个队伍出发前做了充分的准备，但中途还是意外不断：首先是车的螺丝坏了，再后来干脆是车被撞毁了。他们选择的态度很好，螺丝坏了就去修，车撞毁了就改由人拉人推。这就是随遇而安。

我们一路向着目标前行，但路上绝不顺利，各种意外从不如约前来。那怎么办？大哭？小叫？不走了？回去？发生了就发生了，发生了就去面对。在力所能及的范围内处理，处理不了的就放下，继续带着微笑上路。否则呢？对很多人来说，这条路根本不可能再回头，唯独不需要做的，就是用已经发生的事情绑架自己接下来的路程。

终于，这个队伍走到了拉萨，又走到了冈仁波齐。但是到达了终点又如何呢？站在终点的那一刻，是充实还是空虚？觉得自己人生该走的路走完了，那接下来呢？

或许，在路上，才是最大的意义。人生从来就不是为了一个终点而活，因为终点都类似。老人在到达雪山脚下的晚上死了，走得很安静，没有吵醒任何一个人。成年人请了喇嘛为他举行了天葬，雄鹰在天上盘旋，肉体终将消散。能留下来的，只有别人对你的记忆和你一路上曾经做过的事。

好好走自己的路，不必着急，因为到终点自己什么都不会得到。

慢慢走自己的路，不必懊恼，因为每步都自然有其特定的用意。

从不被善待的人

我看完冯小刚的电影《芳华》，出来时北京已被夜色笼罩。我抬头长吐一口气，热气拖着长长的尾巴，消失在深夜的北京街头，瞬间没有了任何痕迹。

这应该是冯小刚拍过的最好的电影之一，电影在锣鼓齐鸣、歌舞升平中开始，在平静的站台长椅上结束。两个小时的电影，让人感叹青春的转瞬即逝，多少芳华成了明日黄花。成长中有多少委屈，多少辜负，多少无法原谅，多少我爱你你却爱着她，最后都归于了静寂。宛如一地鸡毛，一阵寒风吹过，荡然无存，空留夜空里的一声叹息。

主人公刘峰是个活雷锋，好到经得起放大镜的挑剔，毫无瑕疵。每次从北京回来，他都给别人带大包小包一大堆。别人吃饺子，他吃饺子皮，他的理由很简单：总得有人吃。就是饺子皮他都吃不安心，文工团的猪跑了，厨师第一个喊的就是他，仿佛他就应该去帮忙抓猪，关键是他真的心甘情愿地去了。

后来抗洪扭伤了腰，他又自动成了文工团的一颗螺丝钉，修灯、做沙发无所不能。政委觉得他可怜，让他去学校进修，进修完就升一级，他拒绝得很干脆。这一切都因为他爱着文工团里的一个人，爱能让一个人伟大，也能让一个人勇敢。但就在他向深爱着的丁丁表白时，被人撞见。大家一起合伙诬陷，他成了流氓，他所有的好瞬间被人忽略。他被迫远走他乡，并且上了战场。在对感情绝望后，他想的是成全自己，最好能壮烈牺牲，这样他的事迹就会被写成歌曲，自己爱的人就不得不歌唱，歌唱时就能想起自己的爱。

最终，他没有成为英雄，却丢掉了自己的一条胳膊，流落街头被联防随意讹诈。他家里的女人因为嫌弃他，跟一个开长途车的人跑了。在别人问他过得好不好的时候，他说：要看跟谁比，跟躺在坟墓里的战友比，自己已经是好得不得了了。

这是一个好人的成功还是失败？刘峰尽自己所能帮每一个人，每一个人却都把这当作理所应当。他所有的好，都成为众人嘲笑的素材。他越是个好人，生活就越是欺负他，让他在现实里跌跌撞撞、鼻青脸肿。那么，为什么还要做一个好人？我听过一个很好的解释是这样的。

> 1963 年，一位叫玛莉·班尼的女孩写信给《芝加哥论坛报》，因为她实在搞不明白，为什么她帮妈妈把烤好的甜饼送到餐桌上，得到的只是一句“好孩子”的夸奖，而那个什么都不干，只知捣蛋的戴维（她的弟弟），得到的却是一个甜饼。
>
> 她想问一问无所不知的西勒·库斯特先生：上帝真的是

公平的吗？为什么她在家和学校常看到一些像她这样的好孩子被上帝遗忘了。

西勒·库斯特是《芝加哥论坛报》儿童版栏目的主持人，十多年来，孩子们有关“上帝为什么不奖赏好人，为什么不惩罚坏人”之类的来信，他收到不下千封。每当拆阅这样的信件，他的心情就非常沉重，因为他不知该怎样回答这些提问。

正当他对玛莉小姑娘的来信不知如何回答时，一位朋友邀请他参加婚礼。也许他一生都该感谢这次婚礼，因为就是在这次婚礼上，他找到了答案，并且这个答案让他一夜之间名扬天下。

西勒·库斯特是这样回忆那场婚礼的：牧师主持完仪式后，新娘和新郎互赠戒指，也许是他们正沉浸在幸福之中，也许是两人过于激动。总之，在他们互赠戒指时，两人阴错阳差地把戒指戴在了对方的右手上。

牧师看到这一情节，幽默地提醒：右手已经够完美了，我想你们最好还是用它来装扮左手吧。西勒·库斯特说，正是牧师的这一幽默，让他茅塞顿开。右手成为右手，本身就非常完美了，是没有必要把饰物再戴在右手上的。那些有道德的人，之所以常常被忽略，不就是因为他们已经非常完美了吗？

后来，西勒·库斯特得出结论：上帝让右手成为右手，就是对右手最高的奖赏；同理，上帝让善人成为善人，也就是对善人的最高奖赏。

西勒·库斯特发现这一真理后，兴奋不已，他以“上帝让你成为好孩子，就是对你的最高奖赏”为题，立即给玛莉·班尼回了一封信。这封信在《芝加哥论坛报》刊登之后，在不长的时间内，被美国及欧洲一千多家报刊转载，并且每年的儿童节它们都要重新刊载一次。

在每一个当下，我们都看不清生活的模样，只有回首，才知道一切都是必然。刘峰的好，只有一个人能懂，就是被人不断欺负和当作笑话的何小萍。一个始终不被善待的人，最能识得善良，也最能珍视善良。在刘峰被当作流氓，所有人都排挤他的时候，只有何小萍光明正大地去他的房间里看他，并且在楼下大喊：你明天走的时候，我送你。

她的勇敢，也没有被善待。她很快被调离文工团去做了护士，在前线因为重大的心理创伤，患了精神病。这时刘峰来看望她，他们坐在精神病医院的长椅上，刘峰转过头泪流满面，何小萍望着他，满眼的陌生。我被这个情景深深地击中了。多少年后，我们再相逢，却已成陌生人。

电影里没有展现的是，何小萍在住院治疗期间，刘峰经常来看望她，陪她度过了最孤独的日子。后来刘峰得了癌症，只有何小萍陪在她身边，最终送他离开。我不知道爱情到底该是什么样子，但这应该是我心目中爱情最美的模样。

这世界对好人最大的犒赏，就是让你做了一个好人。我这里需要再补充一句：是有原则地做一个好人。所谓有原则，就是有自己的底线。

所有生命最终都是同一个归宿，当芳华落尽，你才会知道答案，因为你是好人，所以你安静、平和、问心无愧。刘峰是这样，何小萍也是这样。

而其他人机关算尽，到头来，却发现不过是一场空，生命也随之在各种遗憾中终结。

善待生活和他人，
你就会在熙熙攘攘的生活里安静，
并且在安静里拥有不慌不忙的坚强。

恶人向善何其难

在一个咖啡店，我听了一个女生的故事。

一天，她正在酒店打工，接到了一个朋友的电话，说带她去致富。不用猜你也知道，就是搞传销。

到了北海后，她被朋友关在房间里，相当于抵押给了当地的黑社会，她那个朋友独自逃走了。她说：我感觉自己必死无疑。

各种侥幸，她竟然逃脱了，在飞机起飞的最后时刻，她冲进机场，因为怕进去早了又被抓回去。她对我感叹说：那一刻，真是重生的感觉，而那个朋友，我死都不会原谅她。

但她很快就原谅了那个朋友。

回到上海，一个富二代爱上了她，在一次聚会上，她又遇到了骗她去北海的那位朋友。她满腔怒火，而那位朋友一把鼻涕一把泪地请求原谅，说自己父母病重，如果当时不离开，怕是见不到父母最后一面。而对于她，那位朋友说自己会愧疚一生。

她听得潸然泪下，两个人抱头痛哭。

聚会后没几天，那个富二代告诉她，跟她那位朋友上床了，他们要在一起了。富二代说，在那晚聚会后，她的那个朋友每天都联系他，除了卖弄风骚，就是说她的坏话。他终于抵抗不住诱惑，就跟她朋友滚了床单。

她在黄浦江边吹了一晚上寒风。

我问她：后来呢？

她说，后来那个朋友又来找她，说跟那个富二代已经分手了，还说：那个富二代有很多女人，幸亏你没跟他好。言外之意就是，幸亏我帮了你，你才没被他骗。

因为对富二代的同仇敌忾，两个人竟然又和好了。

我听到这儿觉得不可思议。她说：毕竟这么多年的交情了啊。

再后来，那个朋友要在上海买一套房子，缺首付来找她帮忙，一副可怜相地说自己在上海无依无靠，再拉上老父老母，一把鼻涕一把泪，哭得黄浦江都要泛滥了。于是，她借给了那个朋友20万元。

我问：后来呢？

她说：后来，她再也没有了音讯。

她问我：原来，坏人真的不能变好啊？

我不知道怎么回答才能安慰她。我问：你有没有想过是你的一再纵容，才让她的恶不断伤害你的？

她说：那我该怎么办？

我说：别人害我们，我们未必害他们。但一再纵容对方害自己，那就是傻。我们以为那是对别人好，其实是给他们提供了更大的作恶机会。所以，绝交，老死不相往来是一个不错的办法。

季羡林老先生曾经说过这么一句话：根据我的观察，坏人同一切有毒的动植物一样，是并不知道自己是坏人的，是有毒的；我还发现，坏人是不会改好的。

在今天这个社会，要分辨好人跟坏人其实并不容易。简单来说，就是通过不正当、不道德的方式，来损害我们的利益，从而谋取私利的，或许从我们自身的角度，都可以叫作坏人。谋取私利也是人的天性，关键是看是否道德，比如是否通过行骗、通过伤害来取得利益。

对本性善良的人来说，要对付他们并不容易，因为他们一定会把不道德、不正当的手段伪装得非常道德正当，甚至是冠冕堂皇。而且他们为了达到目的，一定会表现出柔弱和可怜的一面，以赢得你的信任。

而我们能做的，就是远离他们，不再有任何交集。哪怕一时因为孤独软了心肠，想跟对方诉说一场，也必须要咬紧牙关，客客气气，从此大路两边。否则，对方就会顺藤摸瓜，再次利用你的弱点，对你造成伤害。因为你太没原则了，他们不再伤害你一下，都觉得不好意思。

坏人之所以变不成好人，就是因为好人没有原则，所以他们才有恃无恐、没有底线。

季羡林还有一个著名的处世法则："对待一切善良的人，不管是家属，还是朋友，都应该有一个两字箴言——一曰真，二曰忍。真者，以真情实意相待，不允许弄虚作假；忍者，相互容忍也。对待坏人，则另当别论。"

别论是什么？季羡林没有说，而我想就是：不再有交集，不给对方提供机会伤害自己；如果不得不有交集，也不交心，这样对方就把握不住自己的弱点。

让一些人离开我们的生活没什么可怕的，这世界上什么都缺，就是不缺人。

善良，不要忘记原则

每次我们谈到善良的时候，很多人总是极端地以为善良就是无原则地信任别人。其实这种无原则的善良，只会纵容别人作恶，而让自己或身边的人受到伤害。比如一些人，莫名其妙地喜欢买一些眼镜蛇在城市公园里放生，以为是行善，真不知道这种善会不会遭到天谴。真是不怕人笨，就怕自以为善良的蠢。

真正有原则的善良，应该是有几个前提的。

首先，防人之心不可无。我一个女性朋友每次坐顺风车或专车都喜欢坐副驾驶的位子，岂不知大夏天自己穿着短裙很容易引发司机的想入非非。这还不算，一路上她还特别喜欢跟司机攀谈，恨不得把自己的隐私一股脑儿都告诉别人。下车后有些顺风车司机短信搭讪，她还要耐心地回复。事后被人不停地骚扰，她跟我抱怨说不胜其烦。我真的不知道她是在抱怨，还是在显摆。

就连我这样一个爷们儿平时做陌生人的车，都会坐在后座，告知地址后就不再交谈。如果司机非要跟我交谈，我也只云淡风轻地回应一下，就不再做声。那姑娘听到我这个建议后说：到现在我也只是被撩没有过危险啊。这种反应我会脑补一个画面：一个人站在悬崖旁边，你说注意安全啊，她说我没有掉下去啊，然后啊一声坠落悬崖，拉都拉不住。

再联想到杭州保姆纵火案那样的悲剧，我想说：你可以很善良，但不要放松对这个社会的警惕，因为有些人，根本不是人。

其次，要注意交往的层次，对熟悉的人自然是放心，但对不怎么熟悉的人就应该有尺度，对陌生人那就应该警惕了。比如：很多人加了我的微信，我是不私聊的，因为不知道怎么一句话就被截图传播了出去，变成了一场说不清楚的暧昧危机；如果非要私聊，也都是客客气气，一问一答。

不分层次的交往带来的问题是，很容易暴露自己太多的隐私。所以，如果不想暧昧，一开始就拒绝；如果不想别人误会，一开始就保持距离。隐私在你说出口的那一刻，就已经不是隐私，而变成了公开的秘密。暧昧，在么么哒的那一刻就已经开始，并且防线被不断突破，最后演变成为故事，或者是事故。

最后，要明白沉默往往就是纵容。比如，自己在公司被潜规则了应该勇敢地向有关部门投诉。这没什么好丢人的，对恶人的纵容，就是对善良人的践踏。《蜘蛛侠》里彼特对抢劫犯的纵容，就直接导致抢劫犯杀害了自己的叔叔。

沉默这种事情，其实都是自己想的太多，不停地压抑，最后变得积重难返，让自己深陷其中，想解释的时候已经解释不清了。

善良与宽容，是一个人最宝贵的品质，却也是最容易受伤的弱点。你的善良会让对方步步紧逼，你的宽容会让对方得意猖狂。此所谓，忍一时得寸进尺，退一步变本加厉。

所以，

善良，并不是无原则行事。

交际，并不是无隐私交往。

信任，并不是无底线放纵。

宽容，并不是无条件原谅。

第十一部分

懂财富

因为在一个城市里朋友很多，所以新机会出现的时候就很难离开这个城市。因为在一个行业里积累了很多的经验，所以明知道另一个行业机会很多也不敢转换。所有你引以为傲的东西，都可能是你的枷锁。你越不敢挣脱，这个枷锁就勒得你越紧，最终不得不臣服于它。

逃离得了北上广吗

我曾经在微博上感慨：北京有雾霾，出行又拥堵，房价又高，混多少年还没有个北京户口，为什么还有那么多人去北京呢？

因为北京汇集着中国最好的文化圈、娱乐圈、政治圈和创业圈的资源。不要只看到一座城市不好的地方，也要看到一座城市深厚的积淀。我也曾经不喜欢北京，但后来我去了一次八大胡同，呃~我明白了，这种文化气息，在别的地方找不到。人是一种很重视环境感受的生物。所以，不要动辄气呼呼地说：我要离开北京。问题是，你的心真的可以离得开吗？

城市让人的生活更加美好，这是没错的。让你回农村过几天还行，过几个月估计很多人就会崩溃。而大城市又汇集了最好的资源，不管是医疗资源、教育资源，还是文化资源。如果北京你都混不开，其实我不觉得你在其他地方可以改善太多。

很多离开北京的人，是在北京本来就活得很好，人家潇潇洒洒地离开了。你混得稀里糊涂离开，要去哪里？回老家？每天就是上班下班，路上除了迎风飘舞的垃圾袋，你还能看到什么？如果你能归于平和，觉得一辈子就这样了，在一个小城市安安静静一辈子，与世无争，也可以。但就怕那颗不安分的心，随时还是想去北京。

其实，我算是逃离大城市的典范吧。

我在上海待了四年，一事无成。钱没攒，女朋友也跟一个德国人跑了。我离开的时候，只有我租的房子对面的一个音像店负责出租光盘的女生感到惋惜，因为我们再也无法交流对文艺片的一些看法了。

我并不是不喜欢上海，只是不喜欢上海的快节奏生活。我经常在灯光璀璨的街头找不到自己，所以想尝试换一种生活。我要去一个地方，这个地方最好人比较少，消费比较低，房价比较便宜，而且美女多。

我当时挑了三个城市，杭州、南京和合肥。排除杭州是因为我觉得浙江人太务实了，不符合我的浪漫主义情怀；排除南京是因为那里太热了；选中合肥是因为当时我网恋了。绕这么一大圈儿就是不想让你们看透我，我是个隐藏得很深的人。

那时候，合肥的房价是 3000 多块钱一平方米，我只攒了一年的钱，就把首付搞定了，而且还买了个 226 平方米的房子，我记得房款一共是 72 万元。然后，我很快就买了车，跟老婆过上了快乐且没羞没臊的生活，于是又有了娃。

我现在都没有后悔离开上海，因为我的收入和生活品质并没有因改变城市而牺牲，我需要去哪里随时都可以飞过去。我想去哪个城市了，随时都可以去睡一觉。所以，大城市的人也别特矫情，什么北京我为你难过，上海我为你哭泣，广州我想把你忘记，杭州请不要把我抛弃……一座城市从来不亏欠谁，你来或走它都在那里，跟上城市的步伐你就嗨，跟不上你就别叽叽歪歪。

每个人都是城市的过客，来城不惧，去城不忧。有一天想起，也只云淡风轻地说：我睡过了。

所以，一个人要不要离开北上广深，先问问自己：那颗已经熟悉了喧闹的心，能够归于平静吗？自己的生活品质会因为更换城市而降低吗？

再做决定不迟。

人这一辈子，
不需要跟谁较劲，
也不需要活给谁看。
重要的是，
自己心安理得。

有个赚钱比自己多的太太，是一种什么体验

跟太太结婚的时候，我们就对家里的股权结构进行了充分地交流和探讨。我的提议是我们家的钱都归太太统一管理，这是欲擒故纵，你们懂的。她当然是拒绝了这个提议，朕很欣慰，她的理由有三个：一是这样不利于分散风险；二是身为一个女权主义者，她无法接受这种被包养的感觉；三是如果财务由她统一管理，情人节、生日之类的日子我给她买完礼物，事后她还要帮我还信用卡，感觉是自己在给自己买礼物，心里不爽。

于是，我们家就确定了三权分立的原则：自己赚的钱自己管理；成立一个家庭基金，每个月双方都往里放 1000 块钱作为家庭日常支出；遇到大的支出，比如买房、孩子教育之类的每人出一半；彼此都有随时查对方账户的权力。

我自认为每天在财经圈儿里混，天天接触各路投资大佬，学的又是财经专业，赚钱能力肯定比太太强多了，过不了多久她就会哭着喊着要求“两岸统一”。

但结婚十几年来，我越来越觉得不对劲儿，每次我查她账户都比我的钱多，而且差距愈演愈烈，这就引起了我的警惕。到底是为什么，她赚钱的能力比我强呢？我回顾了结婚以来我卧底的经历，觉得在这么几个方面她明显比我做得好。

首先，我们赚钱的意识差距甚大。

我始终迷信一个观点：提升自己就是最好的投资，然后用自

己不断地去赚钱。比如我做演讲，那就是名气越大，出场费越高。但这是典型的“穷人思维”，用时间来换钱，而一旦生病体力不支，收入也就断了。但她却一直在用别人赚钱。也就是我一直在挑水，她一直在造水渠。她的淘宝店已经四个皇冠了，还雇了十几个人为她工作。她每天只需要看看今天又赚了多少钱，剩下的时间就养养花，读读书，那个自在啊。而我天南海北地到处接客，疲于奔命却收入寥寥，关键是生活品质降低得很严重。

所以，一个人靠自己来赚钱，始终有个上限，因为方法无非就两个：要么增加工作的时间，要么提高单位时间的价格。如今是一个合作的时代，互联网让人与人的合作变得越来越简单，应该利用合作弥补自己能力的缺陷和时间的短缺，去实现价值的倍增，而不应该只是单枪匹马地去拼杀。最终，这样只会：醉卧沙场君莫笑，古来征战几人回。

这种认识非常难改变。这几天我跟太太说：为了更好地研究经济，我想去斯坦福读一个经济学博士。她哈哈大笑了一番，说：你想要几个斯坦福的博士，我给你招聘，你何必把自己的时间投入到这件事情上，你要去整合资源，而不是仅仅把自己当作一个资源。我陷入了深深的反思。

其次，我们看问题的角度完全不同，这可能得益于女人查岗的天赋。举个简单的例子：我们一起去美国看房，我想的是如何尽快挑到一套满意的房子，然后尽快签约；她想的是为什么他们可以在美国卖房，他们是怎么销售房子的，如何在美国拿到地开发房地产。等我签完协议，她基本上把这事儿也摸得门儿清。等回国没一个月，她已经开始谈地建房子，要开发美国房地产了。

我只专注一件事，她专注的是每件事背后的逻辑。这个逻辑就是：这件事本质上是做什么的，这件事的商业逻辑是什么，这个商业逻辑的关键是什么。

再比如，我们春节前去英国逛商场，我买得不亦乐乎，她逛完后跑去跟商场的公关经理聊如何帮他们在网上做推广，聊得对方云山雾罩崇拜不已，觉得她是来自东方的一股神秘力量。

这几天，我去买了一个 PS 游戏机，重温《古墓丽影》。我太太跟在旁边，跟我聊的是：这行业是怎么赚钱的，他们一天租多少张碟出去，一个月的利润大约是多少。回家后我玩游戏，她端杯咖啡靠在旁边说：怪不得游戏直播那么火，你可以去做直播吗，衣服穿的少点的那种。

一个人看问题有多少角度，她做事情就会有多少可能。一个人看问题有多深入，她的收益就会有多大。

我跟太太的最后一个差异是，对风险的定义不同。

我认为超出我现在承受能力的事情就是风险，比如如果首付凑不齐，我是绝对不会买房的。我太太对风险的定义是超出未来支付能力的，才是风险。比如买房，我觉得在美国买完房子自己已经被掏空了，她觉得钱不够还有支付宝可以借款啊。我说那怎么还呢？她说可以用微信借款还支付宝借款啊，我只需要接下来赚出需要付的利息就可以了。眼瞅着她在合肥买的房子翻了三倍，我心里那个滴血啊，为什么不多买几套??

我这么一路想下来，我跟太太最大的三个差异分别是：赚钱的意识，看问题的角度和对风险的承受能力。当然，我并不觉得懊恼，因为女人进化得就是比男人要完善。

就像我在写这篇文章的时候，她在旁边一直唠叨：如果房子和老公只能留一个，到底该留什么？

贫穷是一种疾病

这几天读到一个姑娘扶贫的亲身经历。

> 她去一个村子，看到穷困潦倒的景象，心痛不已，自己掏钱买了几十只羊送给了一户人家。一年过去后，她去回访，发现非但一只羊都没生下来，种羊还被吃掉了。这个姑娘非常气愤地问：你们怎么可以把种羊都吃掉了呢？对方非常愤怒地说：你走，你走，我的羊我想怎么吃就怎么吃。她非常难理解对方为什么会这样，自己明明好心想改善对方的生活，却只是给对方增加了几桌全羊宴。

类似的事例其实是非常多的，原因主要有两方面：一个方面在于扶贫的方式不对，比如直接给予物质的援助，往往还不如不援助，上面提到的村子里有些人拿到钱立刻就去赌博，这种援助反而打破了别人贫穷但平静的生活；另一个方面在于一个人被贫穷限制了很久以后，他的思维方式是不可能跟有钱人一样的，他所思考的问题全部是如何更好地、吃更好地喝，而不会有什么所谓勤劳致富的念头。

所以说，贫穷是一种病，而且是一种很难治愈的病。这种病是什么呢？普林斯顿大学心理学教授埃尔德·沙菲尔在他的著作《稀缺》里，把这种病称为"管窥"。简单讲，就是每个人都因为生活的种种限制，就如同从管子里看待世界，只看到自己想看到的很小的一个点，而且因为太过于专注，对周围的所有机会都漠不关心。

这就好比一个饥饿了很久的人，他管窥到的所有都是食物，对其他东西都视若无睹。当你沉浸在一本书里的时候，你就对家人的话充耳不闻。这也好比一个进行投资理财的人，买了股票后，就很容易天天盯着价格浮动，所有情绪都写在脸上，很难去发现其他投资标的。这对一个上班族也是适用的，你天天想的就是自己的加班费、自己的年终奖，那么你对其他机会或者风险就会漠视。管窥的好处是，你会聚焦于眼下最紧迫的事情；但同时带来的坏处是，你缺乏长远的构建和计划。

那么，怎么办呢？

首先，要学会在忙碌和焦虑之余抬起头来，利用自己的空闲间隙去重新认识自己周遭的世界。如果一个贫穷的人，在每天老婆孩子热炕头、晒完太阳喝小酒之余，能够去想想富起来的人都在做些什么，或许就能摆脱“管窥陷阱”。否则，管窥带来的只是如何明天更好地晒太阳、喝小酒。尝试从最紧急的事情上摆脱出来，把视线放得更长远一点。

对城市里贫穷的人来说，在每天机械式的上班下班的重复之余，能够去观察一下比自己优秀的人都在做些什么，才有可能从贫穷的泥沼里爬出来。很多人每天只在日复一日地重复着，却幻想着自己能有一个与众不同的未来，没有比这再扯的事情了。

其次，要有心灵创作的能力。我听说过一个关于心灵创作的故事，说一个农夫问另一个：如果你当了皇帝该怎么过？这个农夫回答说：那我肯定用金粪叉干活儿。很多人嘲笑农夫，你的世界永远都是粪罢了。但是在我看来，开始从皇帝的角度思考问题就是极好的，至少你迈出了第一步。

我经常问别人的问题是：如果你有一百万元，该如何去投资。很多人根本不清楚，为什么？因为从来没想过。那如果你从现在开始思考这个问题呢？你会不会就开始关注这方面的理财知识呢？你会不会就开始去向有过一百万元投资经验的人请教呢？

最后，你必须尝试交到比自己更优秀的朋友。如果你要去创业，去咨询那些认为打工才是正道的人，他们只会告诉你创业不如打工来的安全。如果你要结婚，去咨询那些信奉单身才是最好的生活的人，他们只会告诉你结婚后的种种不堪。如果你周围聚拢的都是庸庸碌碌的人，那么你的生活很可能也一直会庸庸碌碌下去。

你必须走出村子，才知道城市的生活；你必须结交比自己更优秀的人，才可能成长与突破。看看谁愿意跟你交朋友，代表了你的价值；你愿意跟谁交朋友，则代表了你未来的可能性。

贫穷最大的障碍并不是金钱的缺少，
而是思维的匮乏。

看清时间的本质

不管人类多么努力，就是突破不了时间这个维度的限制，人类在空间上的发展日新月异，高铁越来越快，飞机越来越多，但你总是面对时间越来越少的现实。虽然我们在匆忙的生活节奏中常常忽略时间的存在，但我们所做的一切，无一不受时间的控制。所以，你只有搞清楚时间的本质，才可能在投资理财、爱情交友等生活的各个方面看清真相。

时间的第一个真相是有限性。试想如果我们有无限的时间，那么金钱对我们就不再有意义，因为不会死，所以不必只争朝夕。与富豪相比，我们只是享受不到他们那个层次的快乐，但你可以慢慢耗，万一过几十万年后，你就可以翻身成富豪呢。时间的无限性，提供了人生的无限可能性。

但可惜的是，我们的时间不仅有限，而且短暂。虽然我们不知道自己有多少时间，但我们的生物本能却不断提醒自己，自己的时间正在变少。由此，我们就可以理解投资理财的行为，因为时间正在变少，所以我一定要尽快获得最大的财富，以让自己在还可以享受生活的时间里享用。所以，当投资行为发生后，我们会非常在意财富的增长与变化，经常患得患失，原因就是此刻享用不到所产生的焦虑感。

投资行为本质上是放弃眼下享受的可能，以换取未来更大、更多的享受，也就是资本的可利用时间让渡；而投资回报是因为别人在当下享用了你的金钱，而愿意付给你的酬劳。所以，当你觉得眼下的生活最重要时，就要减少投资行为；而如果你觉得未来对自己更重要时，就增加投资。最怕的是，在意眼下的生活享受，却过多地进行了投资，往往就会牺牲生活品质，或者在投资上过于短视。

时间的第二个真相是可选择性。在同样一个小时的时间里，你可以选择去看场电影，也可以选择去散步，而选择的本质就是做那些能增加自己幸福感的事情。比如辛苦忙碌了一天后，你可以选择倒两个小时的车回到郊区自己的家，也可以倒头就睡在办公室旁边自己租的公寓里。大部分人都会觉得赶路不是一件让人幸福的事情，所以为什么城市中心好地段的房子价格会居高不下，因为这些地方的房子让居住的人在时间上有了更多的选择。

如果要买房子，就要买让自己幸福感强的房子。而所谓的幸福感强，往往就是帮人节省了在路上的时间。如果你在买郊区的房子和租城中心的房子之间犹豫，按照时间的价值，当然租是一个更理想的选择。因为你在交通上节省下来的时间，可以做很多很多事情。人生短暂，何必选择把时间耗在挤地铁和公交车上呢。所以，从时间的角度想想房子的事情，是不是一下就可以想得通了呢?

时间的第三个真相是不可逆性。除非人类发明了时光机器，否则，时间就这么在我们身边线性流动着。假想我们生活在一条不知道长度的绳子上，绳子上面是时间的刻度，在每一个时间点都有一个我们。我们只能回头看过去每个片段的我们，就如同打游戏只要走过的区域都是可见的，而眼前即将去的那些地方都是黑色的。你不知道今天出门会遇到什么，也不知道别人接下来会怎么对你，这几乎就是一切焦虑的来源。

人类为什么会喜欢算命，为什么会相信星座的运势，其本质就是想了解处于绳子前方但看不见的自己。但坦白说，这一切都是徒劳的，因为黑暗处的影响因素太多。我们在时间轴上能做的，只能是回顾过去和选择当下。而过去的已经过去，你也无法绕回去改变什么。所以，当我们投资的时候，对未来的预测，就仅仅是预测，可能对也可能错，因为这一切都是基于对过去的分析。

所以，当下最好的选择，往往就是通过对过往数据的分析，得出大概率的趋势，比如经常运动的人心脏更好，死的更晚。根据概率来决定自己当下的行动，这就是顺势而为。但未来一定会得到大概率的结果吗？也不尽然，有可能这个喜欢运动的人出门就被撞死了。这是小概率事件，但对被撞死的人来说，就是100%的概率。那怎么办？这就要做到随遇而安。

没事多想想时间，你就会更了解这个世界运作的本质。

第十二部分 懂社会

勇者在任何一个时代，看到的都是突破的希望。

弱者在任何一个时代，看到的都是绝望的壁垒。

地球的生活好难适应

这是我即将申请诺贝尔文学奖的一篇文章，你能读到是非常幸运的。这篇文章即将论证，我其实是个外星人。因为我发现自己生活在地球四十年了，还是很难适应。

说自己是外星人，是因为我发现我总是赚不到你们人类所说的金钱。比如：我只要一买股票就被套住；比特币价格创下历史新高，是的，我没买；账户里的数字一年到头也没多大变化。但奇怪的是，地球人好像都很擅长赚钱。就拿我朋友圈里的人来说吧：有些人吃吃喝喝，一年到头啥都不做还到处旅行；有些人随便拍张照片，不经意间拍的都是名车的方向盘、闪着钻的戒指和限量版的包包。

更奇怪的事情是竟然有人买什么都赚钱，还号召别人跟他一起干。有些人给我发信息，邀请我加入什么组织，说免费教我理财赚钱之类的。你们人类真的好伟大啊，不仅自己能赚钱，还一定要让别人赚钱。我缺乏地球人的这种能力，别说赚钱了，就连四十年以来我参加过的所有抽奖，连袋洗衣粉都没中过。原来打工的时候，我的老板也特别有钱，开一辆兰博基尼。我还特意向他请教来着，他说：只要你加倍努力、勤勤恳恳、任劳任怨，很快你就会发现，我买了第二辆兰博基尼。

除了在你们地球上赚不到钱，我至今也没学会地球上的语言。比如有些人明明很想要，嘴上非要说不要不要不要，你真不给吧，他们还生气。再比如有一次，我刚上高铁，发现我的座位上放了一个行李箱，旁边坐了一个地球女人。我说：不好意思，这是我的座位，你把行李挪一下。刚说完，我一看旁边还有个空座，就说：算了，你放包吧，我坐那里。她当即大怒：你到底坐哪个座位，耍人玩儿呀，让我拿上拿下的。我说：我是体谅你，所以……她继续不依不饶：谁让你体谅了，坐过来，靠近点！

我娶的地球太太更难沟通。她说自己快过生日了，我说：好啊。她就很生气地说：你怎么不说送礼物？我说：你没要啊。我老婆说好希望有人帮她清空购物车。我就趁她睡觉，帮她清空了。她竟然一点都不感激，还跟我说：看看我衣服上的这些破洞。过了一天，她又很生气，说：你怎么没反应？我说：你让我看破洞，我看了啊，有三个，你又没说看完要汇报的。上当多了，我当然就学聪明了。

比如我在商城买了条裤子，去服务台问有没有改裤脚的地方。

服务台的美女说：没有。我特别气愤，就说：你们怎么能只卖东西不提供服务呢，这大热天你让我去哪里找改衣店去？那女生忽闪着大眼睛说：实在不行的话，我拿回家帮你改好，明天你再来取？我转身就走了，以为我傻呢？她拿回家不还给我怎么办？这次我可听明白她真正的意思了。

地球上还有很多有意思的事情，我也看不明白。比如我的一个同事每天都懒得走路，却买一个自动摇来摇去的东西，把手机夹上面，然后晚上截图说今天又走了几万步，这就是运动的快乐。比如看电影只需要看就好了，有些人却总是忘记不了运动，拼命地抖腿。比如地球上明明有70多亿个差不多的人，但每个人都觉得自己是最重要的那一个，所以遇到一点点小事就大呼小叫。再比如学校明明是布置给学生的作业，家长却一个个愁眉苦脸陪着做，还拼命自责，自己造了什么孽。

说到这里，你可能觉得我们外星人一无是处。你错了，我们外星人有很多特异功能，是地球人不具备的。

只要我想打车的时候，出租车都很高冷地不理我。但只要我在等专车的时候，就会有出租车停下问我去哪里。

只要我去4S店（集整车销售、零配件、售后服务、信息反馈“四位一体”的汽车销售企业）卖车，他们就说新车现在打折都很厉害。但只要我想买车，他们就说新车从不打折。

只要我办了年卡的店，都特别容易倒闭。但只要我没办年卡的店，生命力都非常顽强。

只要我洗车，就会下雨。如果不下雨，就一定会遇到洒水车。

只要没钱的时候，我就特别饿。但钱多了以后，我每天就不知道该吃什么。

只要有大把时间的时候，我就睡不着。但只要时间紧张，我就睡不醒。

如果读完后你也有同感，记得保护好自己，因为你也是珍稀的外星人。我们不是倒霉，只是不适应地球的生活罢了。

阶层固化了吗

我最近经常听到一个论调，当下的社会阶层已经固化了，已经不再流动了，普通人逆袭的机会几乎已不存在。论据有这么几个。

一是上层富豪已经完成了财富积累，并且已经牢牢掌握了最安全的资产，比如一线城市房产。这就意味着他们永远享受着政策的福利，世代享受着最好的教育与医疗资源，而其他人只能把自己辛苦赚得的薪水以房租的形式交给他们。

二是底层群众、大量的农民已经“被城市化”。在这些年的城市化进程中，农民的土地慢慢被承包，农民完成了向农民工的转化。在这个过程中，他们几乎再也没有了出头的机会，只能被农场主雇用。这里的底层群众还包括隐藏在城市里的底层城市人。他们看似生活在城市里，却几乎享受不到城市的福利，一场疾病、一个意外，就足以夺走他们的一切。他们只能小心翼翼地游离在城市的边缘。

三是中产阶层虽然享受了经济发展与货币增发的福利，却正在被剥夺分享财富的权利。有个说法是，中产和底层群众的唯一区别就是中产的负债更多一些。中产们为了保住自己的地位，拼命工作，却有越来越多的人面对 35 岁的尴尬年龄，高不成低不就。

所以，整个社会看起来的景象就是：富豪们如上帝般俯视着人间，做什么都赚钱；中产们使出浑身解数往上爬，却始终触摸不到上层的门槛；底层群众根本就没有上牌桌的机会，只是在旁边吃着瓜围观，随时准备把掉下来的中产嘲笑一番。

这么看起来，社会的确有阶层固化的迹象，但我有几个略微不同的观点。

首先，阶层固化是任何一个朝代、任何一个国家都必然会面临的一个问题。纵向看我们自己的历史：周朝就有公侯伯子男的爵位，天子分封完大家就按部就班，不但这辈子按部就班，子孙还可以继承爵位；清朝也有所谓的上九流、中九流和下九流之分，帝王为上九流之首，娼妓为下九流之末。

再横向看日本、德国的森严的等级：日本固化到一个人一辈子在一家公司工作，几乎没有任何突破等级的可能性；德国人瓦尔特写的《反社会的人》一书，揭露了德国社会已经固化到令人绝望的程度，上层正在全球掠夺，根本无心关心其他的事，中产辛苦为整个社会付出，下层因为高福利被剥夺了参与社会分工的权利。

甚至你随便看看微博就知道这种景象：刚开始的时候百花齐

放，后来资源慢慢集中到大 V（经过个人认证并拥有众多粉丝的微博用户）手中，虽然明星一声叹息就可以吸引百万粉丝关注，但普通人只贡献流量，想要变成大 V，那是难上加难。所以，这个所谓的阶层固化，没有我们想象的那样令人恐慌，任何一个趋向稳定的社会，都存在固化的现象。而眼下的中国，反而是整个历史和世界各国中，阶层固化最不稳定的。

其次，我们判断阶层是否完全固化，一个很重要的标准就是，个人是否通过努力再也没有实现阶层上升的可能。我想目前的社会还没有让人绝望到这个程度，中国经济的快速发展带来了大量的机会，这点不像美国和日本。在日本，基本每个细节都已经被考虑清楚了，所以几乎没有创业的可能。美国倒是有很多需要改善的地方，但美国人大大咧咧不屑于去做这种改善。中国有很多商业空白，而中国人又想活得很惊喜，所以就有很多商业可能性，比如马桶盖，如果你真的能有工匠心态把它做好，就有无数需求等着你。

最后，一个人要在这样一个趋向固化的进程中突破阶层，就必须做到两点。

一是具有拼搏精神，永远不认命。我在沿海城市和大学的 MBA（工商管理硕士）课堂，见到了无数这样的人，在自己熟知的领域精益求精，在自己不熟知的领域勤学好问，这些人才是国家的希望。当一个人对新生事物嗤之以鼻的时候，差不多就老了，这种思维的僵化最为可怕。李鸿章当年去英国，转了一圈说：无甚可观。一个帝国就已经垂垂老矣。

二是能顺势而为，会观察大趋势、借力发力，而不是故步自封。我们看到当下的中国老龄化社会正在到来，时间被互联网冲击得支离破碎，各种新技术正在蓄势待发，大区域规划打破了大城市的虹吸垄断，正在向周边释放出越来越多的资源。那么，你有没有利用自己的专业去分析，自己在这个趋势中可以做哪些埋伏？

勇者在任何一个时代，看到的都是突破的希望。
弱者在任何一个时代，看到的都是绝望的壁垒。

焦虑感

坦白讲，很多人本来是不焦虑的。大家坐着火车，吃着火锅，唱着歌，结果火车开进了商人们联合挖掘的焦虑隧道里。这个焦虑隧道充满了各种让人焦虑的叫嚣：你再不投资理财就要被人赶超了，孩子再不就读国际学校就要输在起跑线上了，你再不学习成长就要被淘汰了。坐在车上的人听得一愣一愣，面面相觑，然后开始焦虑起来。

“焦”这个字本身就让人挺焦虑的，上面的“隹”是短尾巴鸟的总称，下面四个点是火，意思就是短尾巴鸟在火上跳舞。这就是中产阶级的 Freestyle（自由式比赛）啊。

从本质上来说，今天的商人们销售的都是焦虑。奢侈品大多是卖给暂时还达不到这个层次的消费者的，所以在广告宣传时就要充满各种诱惑。而这个群体想要跻身上流社会，就需要不停地购置这些奢侈品来装点门面。知识类产品亦是如此，这个社会正在惩罚不学习的人，再不学习这些干货你就 out（落后）了……这些标题让人看了就焦虑不已。有句话是这么说的：谁挑逗了消费者的焦虑，谁就是一个成功的商人。在各种焦虑的鼓噪下，让人感觉在中华民族五千的历史进程中，从来没像现在这样感觉自己这么无知。

其实，在我看来，咱们这又是何必呢？

我的第一个观点是不要轻易被人贴上某个阶层的标签，一个人一旦有了某个标签，就会不自觉地维护自己这个形象。社会心理学中的社会认同理论解释说：大量的实验证明了，人一旦形成某个群体，就会不自觉地偏袒自己群体内部的人，同时歧视这个群体之外的人。

一个在生活中找不到自己的人，才会迫不及待地融入某个阶层当中。每个人都应该是属于自己的阶层，赚多少钱就过多少钱的生活，量入而出，冷暖自知，不必打肿脸充胖子，况且胖子是不健康的。

谢绝别人贴标签的方法，就是克制把生活当作表演的冲动。在自己的生活里绽放自己的多姿多彩，不必按照别人期待的方式生活，因为每个人都是 only one（唯一的）。不用听别人说三道四，我们不必活在别人的嘴里，只需要活在自己爱的人心里。多一些经历，不必循规蹈矩，人生就 900 多个月，画成表格就是 30×30，其实没多少时间去在意无关紧要的人和事。最后，眼一闭，老子值了。这就是美好的一生。

我的第二个观点是把赚钱当作一个过程，而非一个结果。不要把自己的生活活成数字：炒股了每天都盯着大盘，盯得头顶发绿；买房了每天都盯着房价变动，看得心理变态。多可怜，多可悲，多可叹。生活是丰富多彩的，有音乐，有朋友，有美食，有美景，有读书，有打开窗子正在眺望的潘金莲。

金钱应该是人生的副产品，除非你是职业投资人，否则它不应该成为你的主业。比如你从事艺术活动，最终获得认可得到金钱的回报。比如你从事某种职业，付出劳动得到金钱的回报。金钱应该成为一种激励，一种对你付出认可的回报。

但如果倒过来，把追求金钱当作主业，你就会变得斤斤计较，每天患得患失，最终失去生活的所有乐趣。追逐金钱本身并没有错，错就错在你把追逐金钱当作自己生命的唯一。生命最重要的在于体验，体验越多，意义就越丰富。而金钱的邪恶之处在于，让你忽略体验的过程，只关注回报。

我的第三个观点是：不管自己属于什么阶层，都应该努力成为一个“有抱负阶层”的人。有抱负阶层的意思就是要有自己不懈的追求，在自己的生活里精进。你可以让自己接受更好的教育，可以让自己在工作中不断积累经验并且不忘记突破，也可以让自己致力于推动某一个问题的解决，以实现这种精进。

“有抱负阶层”这个概念，是法国社会学家皮埃尔在他的著作《资本的形式》中提出来的。他的意思是：这些人“充满心计”，

有些人，
没了什么都影响不到他的幸福。
有些人，
不管拥有什么都只会抱怨。

当别人在低层次上不停重复时，他们更主动地把握未来的生活，在自己的实力基础上不断向上累积，从而实现生活的增值。

因为有抱负，所以就会高瞻远瞩，不会轻易被眼前的生活困住。我觉得这样的人，才不会焦虑，因为他们明白，路是自己脚踏实地一步步走出来的，而不是跟在别人后面亦步亦趋，走得辛苦，还被路人嘲笑为邯郸学步。

巨婴

在某火车站发生了一则新闻：一位女乘客带着孩子坐高铁，在高铁将要开走之际，死死把住门不放，说要等老公；在车站工作人员和高铁工作人员劝说无效的情况下，她成功守住了门。这应该算是爱的最高境界了：老公，我为你拦下了一列高铁。

让我想起了“巨婴”这个概念。巨婴的意思是由于人格发育不足，很多人并没有独立的人格，并不能为自己的行为负责。这些人我们称之为“巨婴”，形象一点说，就是巨大的婴儿。婴儿的特点就是只要一哭你们就应该关注我，只要我闹你们就要哄我，我是这个宇宙的中心，所有人都该围绕在我周围。所以，长大后的成年巨婴就有了一个显著特点：我没有错，错的都是你们。

我不知道火车站的这位女乘客和她老公到底发生了什么，如果是车站的失误将她老公拦在外面，她告火车站、起诉火车站都可以，甚至把整个过程写下来发到微博上曝光都可以。但是那一刻，她选择了一个让我们很少见的方式：把住高铁的门，只要我老公还没来，这列高铁就不能走，高铁上的所有人都该等我老公。那一刻，她巨婴附体了。

巨婴附体的可不仅是她，我们在口诛笔伐她的同时，再看看我们周围的人。

一位女司机在面对交警执法的时候，首先做的是上去辱骂并殴打交警，还将交警的执勤设备狠狠摔在地上。这种唯我独尊、胡搅蛮缠的气势，俨然是王母娘娘下凡。

再比如开会迟到了，都是有理由的，别人都应该等着自己。如果领导批评自己，那就是领导不近人情，然后还唠唠叨叨，把所有负面情绪传递给无辜的同事们。

如果自己失恋了，那都是因为对方是个禽兽。自己在恋爱中的所有行为都是对的，都应该被别人呵护，对方竟然不宠着自己，竟然还提出分手，那对方简直就是瞎了狗眼了。所以，自己一定要让对方过不好。

如果自己晚到机场了，所有排队的人都该为自己让路，因为我迟到了，我是弱势群体，让让我是应该的。如果不让：你们还有没有人情味儿?

诸如此类，都是巨婴附体的表现。一般来说，巨婴有三种表现。

一是所有人都该让着我，不管我的理由是什么，都是正当的。所有你们指责我的声音，我都不听，这也叫“全能自恋”。

二是如果你们不让着我，我就立刻发飙，都是你们的错。这种偏执分裂往往就是两个极端，要么嚎啕大哭，要么暴跳如雷。

三是从来不觉得有悔意，反而觉得自己委屈到不行，甚至晚上想起别人对待自己的方式，都能把自己哭到泪流满面。

如果你身边有巨婴，能远离则远离。因为他们被雷劈的时候，会连累到你。巨婴是很容易被雷劈的，因为这种时时处处需要被宠溺的人，在遇到突发状况的时候，会自动进入一种应激状态，在行为上会表现得不可理喻。相信我，一个巨婴，早晚会被另一个更强大的巨婴给灭掉。

同时，我们要防止自己成为巨婴。如何防止呢？

首先，要有承担责任的意识。这世界给了你选择的权利，同时在另一端也给了你承担责任的义务。比如你选择抢银行，这是你自己做出的决定，别人无法在事前阻止你，但在抢的时候被毙掉，就是你需要承担的责任。很多人只在乎自己的选择，而忽略了责任。任何选择，都伴随着责任。在你做出选择的那一刻，就要做好承担相应后果的心理准备。

其次，尽量训练自己的情商，在遇到外界刺激的时候，能够去面对，而不是立刻展现出情绪。所谓的高情商在我看来，就是能够把握自己的情绪。比如：遇到一些自己觉得委屈的事情，能够留证，而后通过各种渠道去争取自己的权利，而不是演变成泼妇撒泼的行为，这只会将自己置于更为不利的境地。

最后，要时刻提醒自己，这是一个全媒体社交时代，自己随时随地都被置于摄像头下，所以在做事情的时候多想一下，如果自己当下的行为被拍摄下来传播出去，自己是个什么形象。这样，人就会自律和收敛一些。

请时刻记住，
这世界上，
并不是只有你一个人。

怨妇的症结

看了一段话，是这么写的：

你怎么还不明白呢？
这个世界上有的人就是单身也幸福，
恋爱也幸福，结婚也幸福，离婚也幸福，
因为她就是会让自己幸福的人。
其实你不理解也是正常，
因为你就是不幸福，
给你什么都不幸福。

这段话说得虽然是狠了点，但也不无道理。幸福感是一种能力，有些人具备，有些人不具备。具备的人，在遇到任何事情的时候，都可以把其转换成幸福的感觉。哪怕是对着寒冷的空气吐一口热气，她都觉得仿佛温暖了整个银河系。而不具备的人，哪怕是把她宠成个公主，她也依然是一个吹毛求疵的怨妇。

那么，幸福到底是一种怎样的能力呢？在哲学中也是众说纷纭，能说清楚的一般不具有可操作性。好在心理学在近百年的研究中，得到了大量的研究成果。“积极心理学之父”马丁·赛里格曼认为：很多人的不幸福源自“习得性无助”。

他用狗做了一项经典实验：起初，把狗关在笼子里，只要蜂音器一响，就给它难受的电击，狗被关在笼子里逃避不了电击；多次实验后，蜂音器一响，在给电击前，先把笼门打开，此时狗不但不逃，反而不等电击出现就先倒在地，开始呻吟和颤抖。本来可以主动地逃避，却绝望地等待痛苦的来临，这就是习得性无助。

如何摆脱这种习得性无助，让自己具备幸福的能力呢？

首先，我认为要学会表演幸福。是的，学会表演。罗曼·罗兰曾经说：一个人想要真诚并不难，问题是要真的能做到。只要在行为中做到真诚，你就是个真诚的人。说得再极端一点，如果你一生表演某种品行，你就是个拥有这种品行的人。你不能平白无故地说自己是个有品行的人，说出来没用，你在做的事情中贯彻这种品行，你才具备这种品行。这个观点有点匪夷所思，但你想想，事实就是如此。

扩展开来，幸福也可以是一场表演。如果你总是表演出很幸福的样子，你就会拥有一种觉察幸福的能力，因为你在生活中会去捕捉可以供你表演幸福的闪光点。从这个意义上来说：我鼓励你在朋友圈里晒幸福，而不是晒惨；我鼓励你好好修一张照片，既能让自己开心，也让看到的人愉悦；我鼓励你在旅行过程中晒景色，而不是只顾抱怨种种的不顺。

真正的幸福是一种选择，它背后当然有无数个不幸福的可能，但有能力的人选择了幸福，并将它表演出来，不去伤害别人，更是为了不伤害自己。

其次，具备转化幸福的能力。不管你如何表演幸福，各种打击和创伤也不会放过你，这时候就要善于把这些事件转换为幸福。

苏格拉底的老婆是个泼辣的女人，苏格拉底经常会遭到她无礼谩骂。有一天，苏格拉底刚一进家门，他的老婆就对他唠叨不休，接着破口大骂，言语不堪入耳。一想到苏格拉底，我就觉得自己可以多活两年。而我老婆总是觉得，我是不是过于乐观了点。

苏格拉底已习惯这一切了，于是就坐在一边抽起烟来。这时，他老婆看到他对自己不理不睬的，更是火冒三丈，气不打一处来，端起一盆水就是迎头一泼，顿时苏格拉底全身湿透。

旁边的邻居见了，纳闷儿地问："刚才你老婆骂你，为何不还口？"

苏格拉底不紧不慢地说："我知道，一阵雷电之后就会有一场倾盆大雨。"

苏格拉底运用的就是转换的能力，把老婆对他的无礼转换为一种幽默的心态。

再比如你面试失败了，可以转换为：失败了也不错，反正这公司的前台不好看。转换的重点就是，从发生的事件中寻找有趣的部分，并且逗自己一乐。

按照这个思路，各位去看看自己的朋友圈，看看你曾经发泄过的那些不满和愤怒，是不是都可以转换一下。我知道有很多时候很难，但我们说过这是一种能力，既然是一种能力，就要刻意训练，而不是被自己的惯性所绑架。

在表演和转换后，我的最后一个建议是改变。

泰勒·沙哈尔在《幸福的方法》一书中提到：幸福是一条路径，绝对不是一个结果。如果你总觉得幸福会有一个顶点，那你就永远得不到幸福。幸福，一直都是在路上。所以每时每刻，都要让自己幸福起来，才是真正追求幸福的态度。

那么，这种态度如何获得？答案只有两个字：改变。

比如你改变了公司的某一个工作方法，或者你改变了家庭的作息时间。在改变的过程中，你就会获得一种力量感，这种力量感就是幸福的动力源。乔布斯为什么会勇往直前，因为他从改变科技中获得了幸福感。艾隆·马斯克为什么会百折不挠，因为他从改变人类的生活方式中获得了幸福感。

看看你朋友圈里的人，那些有力量、有成就的人每天想的就是改变，而那些消极混世的人每天做的就是只顾着哀叹。

人这一生，很短。

你是要幸福，还是要哀叹，

你自己看着办。

第十三部分 懂生死

生，

就如夏花般灿烂，

死，

就如秋叶般静美。

生如夏花，死如秋叶

一位美国大叔因为患上了渐冻症，最后选择了安乐死。在家人的陪伴下，他喝下了一杯药，最后说了一句：请给我一点水。然后，他安然离去。这个过程被拍了下来，看得我震撼无比。

我久久不能忘怀。因为我在想：如果是我的话，是否有勇气去做这件事；从做出决定到真正去实施，这中间我会想些什么，做些什么；在实施的那一刻，想着眼前的一切即将化为灰烟，自己是否会当场决定不走了。俗话说：好死不如赖活着。

我们每个人在出生的那一刻，其实都饮下了这位大叔的这杯药，只是他缓冲的时间是一分钟，而我们可能要缓冲几十年。这个视频之所以震撼人心就是因为，它把每个人可以用几十年的麻醉自己的时间，压缩成了一分钟。

对死亡的探讨一直是哲学中的一个重要命题。也有人说哲学就是一门研究生死的学科，因为死亡是一个确定又不确定的事件：确定的是人一定会死，不确定的是在什么时间、什么地点、以什么方式死去。著名思想家蒙田有一次跟朋友散步，忽然转头往家里跑，朋友很奇怪就跟随来到他家，发现他在纸上快速记录着什么。朋友问：你慢点回来不也可以记录下来吗？蒙田说：万一我来不及，死在路上了呢？

心理学家兰克认为处理不好生和死，人一生都会在恐惧和焦虑中度过。在出生时，一个人从子宫中被接生出来，会经历挤压和濒临死亡的体验，这种与安全居所的分离，会给人带来巨大的恐慌。在成长中，一个人慢慢独立，削减掉出生的恐慌后，又立刻会意识到自己会死去，这种对未来将要与人世分离的恐惧，又重新引发了焦虑。

兰克认为：如果处理不好从生走向独立的关系，在需要个人自主的时候，你就无法肯定自己的能力；如果处理不好从独立走向死亡的关系，在面对他人时，你会因为时时想着自己将要离去的事实，无法献身于友谊与爱。今天，我们要谈论的主要是后一部分。

苏格拉底在被雅典陪审团宣判死刑后，本来是有机会逃走的，但他说："高兴一点看待死亡吧，并且记住一个真理——没有什么坏事会危及一个正直的人，不管是生前还是死后。他和他的一切都不会被神所抛弃，我将面临的死亡也不是偶然来到的。只是我看得很清楚，死亡并且解脱对我来讲是更好的选择，所以神意没有给出任何阻止我的信号。也因为这个原因，我并不责怪我的原告，还有判我死刑的人们。他们没有做伤害我的事，当然他们所有人对我也本来就没怀好意。因此，我会有一点不喜欢他们。”

“分别的时刻来到了，我们会各走各的路。我去死，而你们继续活着。哪一条路更好，只有神才知道。”

然后，他接过狱卒递过来的毒药，看到家人、朋友泪流满面，他说的最后一句话是：“克里同，我们应该向阿斯克勒皮俄斯献一只鸡。”

阿斯克勒皮俄斯是古希腊的医药之神，遭受疾病痛苦的人在睡前都要向他敬献牺牲，希望他能唤醒患病之人。在苏格拉底看来，死亡跟睡觉没有太大区别。喝完后，苏格拉底起来走了几步，然后躺下安静地走了。

苏格拉底选择了死亡，是因为他认为自己不会因为肉体的消失而被削减，认为自己会因为自己的思想而得到永生。他说：“如果死亡是一种湮灭，那么它就是一次漫长的无梦之眠，还有什么事情比它更快乐呢？如果它是通往某地——所谓的冥府——的通道，那么这也是一件值得高兴的事情。因为我们还可以跟很多老朋友和希腊英雄们见面，还能与荷马、赫西俄德以及其他不朽的人交谈。”

后来在但丁的《神曲》中，苏格拉底和这些他想见的人虽然因为没有信仰，被上帝安排在了地狱，但是地狱的最外围有一个叫林勃的地方，清流芳草，安静恬谧。

康德一辈子没有走出这座小城——当时属于东普鲁士的柯尼西斯堡，一生在这里生活教书。他既不旅行，也不结婚。他认为爱情对哲学家而言，是一种巨大的打扰。一想到各种鸡毛蒜皮的事情要消耗精力，他就望而却步。

他最大的乐趣就是思考问题、教书和散步，而且他的作息跟一个清教徒一样规律：早上4：45准备起床，然后抽烟斗，吃完早饭就在一楼教课，然后写作，下午16：00~17：00散步。因为太规律了，所以邻居都拿他出来散步的时间来对表。唯独一次例外是他读卢梭的《爱弥儿》，因为太入迷了，忘记了散步。晚上22：00，他立刻上床睡觉。因为怕打破自己的规律，所以他用线拴了一个尿壶，急了拉过来就解决，绝不早一点下床，上了床就绝不离开床。就是这么任性的一个Boy（男孩），每天如此，毫无例外。

他写了三本光耀哲学世界的著作：《纯粹理性批判》、《实践理性批判》和《判断力批判》。1804年2月12日，82岁的康德奄奄一息，闻讯赶来的学生们手足无措地环绕病床。一位学生出主意把“三大批判”搬到床头，希望老师充满自豪地踏上黄泉之路。

将近11点，康德说：好啦。

声落气绝，寿终正寝。康德的遗骨现在埋于当地大教堂“教授拱顶”之下，墓碑上写着：有两件事让我充盈性灵，思考越是频繁，念之则愈密，则愈觉惊叹日新，敬畏月益，它们是头顶之天上繁星，心中之道德律令。

这是一个做学问的人的一生，他完成了他的使命，走得踏踏实实、毫无牵挂。康德在他的《实践理性批判》中，表达了自己对死亡的态度：关于灵魂不死的任何理性设定都是不允准的。严格来说，康德属于无神论者，因为神与死亡都属于不可认识的范畴，你无法认知，那就自不必多说。这个观点有点接近孔子：不知生焉知死。如果有神灵，那神灵便是充满内心的道德。遵循内心的声音过好每一天即可，至于死亡，来便来了。

康德一生平静，虽然健谈但基本上属于禁欲系。传说他的学生帮他找了一个小姐，事后问他的感受，他说无非就是一些乱七八糟的动作罢了。他安安静静来，安安静静走，给世界顺道留下了三本皇皇巨著。

康德和王阳明两人在中西方哲学上都是集大成者：康德升华了经验论和唯理论，王阳明调和理学和心学。在王阳明之前，朱子主张格物，要多读书，多观察，然后分析道理（泛观博览而后归之约）；陆九渊主张持守，心里明白了，世间万物的道理就明白了，不用赶着去读书（发明人之本心而后使之博览）。王阳明认为知行要合一，要秉持良知，而后在践行中实现良知。

王阳明一生经历了大风大浪，曾科举接连失败，曾被宦官陷害九死一生，曾在荒山野岭的龙场躺在棺材里感悟天道，也曾驰马扬鞭平定朱宸濠之乱……他被认为是中国历史上的“三不朽”人物。“三不朽”就是完成了立言、立功、立德这三件事。中国历史上一共有两个半人完成了这三件事，两个人是孔子和王阳明，半个人是曾国藩。

嘉靖七年十一月二十九日，王阳明执意要返乡，大约是觉得时日无多。他乘坐的船到了江西大余县青龙铺，这时他已经奄奄一息了。

在当地任职的弟子周积前来探望王阳明，王阳明极其虚弱地说："我要去了。"周积哭着问老师有什么遗言，只见王阳明灰暗的脸上微微露出笑意，说："此心光明，亦复何言！"说完，瞑目而逝，终年五十七岁。

王阳明一生在实践他所开创的心学，在开创功业中实践了他的心学理论，在一次又一次的辉煌后，戛然而止。

苏格拉底、康德和王阳明，这三位中西大哲用三种方式面对了死亡的问题。一种是苏格拉底式的，虽然苏格拉底是不敬神灵的，但他有彼岸的情结，这也是几乎所有宗教所推崇的：你会在死后得到救赎，人生不过是生命的一种表现形式，死后你就幻化为其他形式继续存在。

还有一种康德式的，不必去思考这个问题，平静地生，至于何时死，由它决定好了。不必耗费太多精力去思考这个问题，但它到来的时候，我也接受。我来世间，是完成自己的一些使命，至于其他，让星空决定吧。过好眼前，走到哪里，算到哪里。

最后一种是王阳明式的，向死而生。既然我终究会死去，那么在不断临近死亡的过程中，我会不断地激发内心的澎湃动力，奔向死亡，拥抱生命，绽放良知。王阳明具有大部分中国人立言、立功、立德的情怀，有着伟大的使命感。他跟康德的不同在于：康德关注过程的实现，用道德来驱动；王阳明心怀天下，用伟大的目标来指引。

不管何种形式，他们最后都安静祥和，无所羁绊。人没有选择出生的权利，但应该有选择如何面对死亡的权利。到弥留之际，你是安然面对，还是垂死挣扎，你是主动拥抱，还是拖拖拉拉，我想，这值得每个人去深思。

如果有一天我面对这个问题，我想我会坦然面对。如果是因病无治，我会主动做出决定，因为每天我都无愧于这一生。我只求自己爱的人，在身边拉着我的手。这样，来生我们就不会失散。

生，
就如夏花般灿烂，
死，
就如秋叶般静美。

假如人世间有因缘

《无问西东》这电影的名字，特别让人提不起精神迈进电影院，云里雾里让人摸不清东西。不过，当坐在电影院里那一刻，我还是安安静静地看完了，一直到最后字幕放完所有大师们的名单我才离开。一个一个熟悉又陌生的大师，穿越了时空，这一刻跟我产生了交集，这也算是一种缘分。在看整部电影的过程中，我也在想一个问题：人世间真的有因缘吗？

电影里讲了四个人的故事，这四个人分别是：1920 年左右的吴岭澜，1940 年左右的沈光耀，1960 年左右的陈鹏和 2010 年左右的张果果。四个故事，四个线索，电影开始一会儿黑屏一个故事，一会儿黑屏另一个故事，最后故事的线索开始互相连接。电影是想告诉我们，这些故事其实是一个一个串联到一起的。因为有了前面的那个故事，才会有后面的情节。这种感觉很像蝴蝶效应：前面有因，右面有果；后面的果，又成为再后面的因。一环套着一环，因缘际会，成全着后来人。

眼前的生活，你完全看不清，因为那是在多少年前种的因。今天的你也看不清未来，因为当下做的这件事，会导致在未来的某个时点有个果正在静静等着你。这么说来，人生皆是因缘，逃不掉，躲不开。

这其实就是佛教里关于缘的电影注解，佛教里说的缘有四种：第一种是因缘，比如因为你关注我的微博，所以认识了经常给我留言的某个人，后来你们结婚了，你关注我的微博是因，你们结婚是缘，我是你们结婚的主要条件；第二种是等无间缘，比如你看到某个人的头像很好看，立刻想撩，“好看”和“撩”，这两件事在你的脑海中先后出现，它们就是等无间缘；第三种是所缘缘，比如本来你准备放弃撩的，结果旁边忽然放起了《传奇》，你当下春心萌动，外界环境比如歌曲引发了你的某种念头，那么环境就是你念头的所缘缘；第四种缘是增上缘，比如我说我愿意给你们牵线搭桥，以促成你们这桩美事，那么我就是你撩妹的增上缘。

这么说来，《无问西东》里所刻画的缘分，是佛教里的因缘无疑：因为吴岭澜选了文科，才会成为沈光耀的老师；沈光耀本来会在锅炉房被炸死的，但是吴岭澜非要带他去避难，结果躲过一劫，空袭后沈光耀参军做了飞行员，因为他经常开飞机空投食物，救活了快要饿死的陈鹏；陈鹏后来去读了清华大学，并且救了自己心爱的女人，顺道教育了怯懦的李想；李想去支边后救了张果果的父母，张果果又救下了四个等待救助的四胞胎。前者并不是后者发生的必然，但却是主要条件之一，这就是因缘际会。

你认可也好，不认可也罢，反正你永远无法验证。你说如果当年吴岭澜不读文科，后来的事情是不是就不会发生了，谁知道呢？因为历史又无法假设。其实不管你当下做什么，都无法预知未来会发生什么，所以因缘之说对没有宗教信仰的人来说，并无太强的说服力。对芸芸众生而言：过去的过去了，未来的还没来，所以我们唯一能把握的就是眼前了。

眼前我们能把握什么呢？我们能把握的第一件事，就是善意。这种善会给别人传递力量：因为你的微笑，别人受到感染，回家后心态平和地辅导孩子做功课；孩子受到激励，在学业上更为精进。当下的每一份善意，都会被涟漪效应传播，如有这样的念头，一个人举手投足就能感到温暖。

我们能把握的第二件事是对自己的真心，倾听自己内心的声音。我们所做的事情，并不是向别人证明什么，也不是想讨好别人什么，而是自己内心真实的想法。这个真实的想法，会给你带来前行的勇气，因为真实，所以才会勇往直前。哪怕受到挫败，你也有嗜血含笑的能力，如吴岭澜，如沈光耀。

我们能把握的第三件事是对别人的真心。这个别人可能是爱人，也可能是需要帮助之人。因为你的真心，所以爱才会纯粹到坚不可摧。李想并不是真心的爱，所以他左右摇摆、痛苦万分。陈鹏的爱是真心的，所以“不管你处境如何，我都愿意用自己的爱帮你托起”。张果果对四胞胎的爱是真心，所以他勇敢地负起责任，让自己不在躲闪和内疚中生活。

这世界上有无因缘，
我并不知晓。
但我知晓，
如你真心，
你便无悔。

上帝死了，我们怎么办

在所有哲学家里，我最想拥抱一下的是尼采。

让我们从尼采唯一的一次爱情说起。尼采 35 岁的时候，从大学辞职，开始了自己的流浪生活。他在地中海沿岸过冬，在意大利、法国、瑞士流浪，当然大多数时候住在意大利。在这期间，尼采经历了人生中唯一的一次爱情。

1882 年，在梅森葆夫人和另一位朋友的邀请下，尼采到罗马旅行，遇到了一位传奇女性莎乐美。尼采的原话是："那是一瞬间就能征服一个人灵魂的人！你就知道这是多么神奇的一个女人。"这猛烈的感情就如同老房子着火，一发不可收拾。那么，这个莎乐美是何许人呢？

莎乐美被称为是 19 世纪晚期欧洲大陆知识沙龙所共享的"玫瑰"。在莎乐美的青少年时代，对她帮助最大、影响最大的男人是基洛特。从 1878 年冬到 1879 年，在短短的几个月内，两人过从甚密。莎乐美从基洛特那里学习了宗教史、宗教比较学、宗教社会学、宗教教义、哲学、逻辑学、文学、戏剧等课程，并广泛阅读了笛卡儿、帕斯卡、席勒、歌德、康德、克尔凯郭尔、卢梭、伏尔泰、费希特、叔本华等人的著作。

她在这几个月里所学到的东西，相当于一般大学生几年的所得，为她在宗教和哲学方面的素养打下了坚实的基础。莎乐美交往的男性包括尼采、弗洛伊德、托尔斯泰、里尔克等。她很像一个吸血鬼，不过吸的不是血，而是才华。

尼采不可救药地爱上了她，两个还结伴出行了五个月，以至于尼采想跟她结婚。不过与尼采相比，莎乐美则要冷静得多。在她眼中，尼采的形象显然不是什么白马王子，与那些自己常见的华服盛装、丰神秀貌的贵族青年相比，尼采简直无异于山野莽夫，偶尔在一起可以，结婚是断断无法接受的。

她在回忆录中用了以下这些词去形容尼采：孤僻——尼采的性格几乎一目了然，平凡——尼采的外表没什么惊人之处，朴素——尼采的衣着十分整洁，慎重——尼采的言行节制而略显拘谨，优美——尼采的双手非常吸引人，半盲——尼采的眼睛高度近视，笨拙——尼采的客套仿佛是一个假面具。

尼采向莎乐美求婚，莎乐美非常感动，然后拒绝了他，理由是自己不想结婚。这让尼采非常痛苦。然而，正是这种精神的痛苦化为酒药，使尼采酿出了最醇香的著作——《查拉图斯特拉如是说》，其超人哲学得以功德圆满。在尼采辞世后四年，莎乐美出版了自己的精心之作《尼采评传》，这本书足以纪念他们心灵相拥相握的那些美好时光。

跟尼采分手后，莎乐美就投入了里尔克的怀抱，最终让里尔克成为欧洲“诗人之王”。这再次证明，莎乐美与天才共舞，既充满了激情之美，也充满了智慧之美，每个人都从她身上得到了滋养。

而尼采则转身开始了哲学写作，这期间一气呵成写了《瓦格纳事件》《偶像的黄昏》《反基督徒》《瞧这个人》《尼采反对瓦格纳》。不过，尼采跟叔本华一样，早先书都卖不掉，就这么很孤寂地写着书。

尼采的转机出现在 1889 年 1 月 3 日，因为那天他疯了。尼采在都灵马路上看见一个马夫在虐待他的马，尼采跑过去抱住马脖子，然后就疯了……那一年他 45 岁。接下来的岁月，他就开始被妹妹摆布，在 11 年后死去。

这就是尼采略显悲凉的一生。了解名人的历史有什么好处？就是可以让自己产生共鸣，觉得任何人都逃脱不掉生命中的悲凉。那么，尼采是如何跟自己悲凉的底色抗争的呢？

在尼采最经典的著作《查拉图斯特拉如是说》中，第一部分有一个著名的精神变形的寓言。这个寓言在很大程度上反映了尼采精神上的危机与转变。他说，在智慧之路上有三个必经的阶段。

第一个阶段是合群阶段。在这一阶段，有很多重负和别人强加给我们的东西，我们就像驮着重负的骆驼，忙着向沙漠走去。我们没有自我，只有盲目向前、随波逐流。

第二个阶段是精神从骆驼变成狮子的阶段。在这一阶段，我们想征服自由并主宰自己的沙漠，要做自己的主人，打破束缚，重估一切价值。虽然很辛苦，但我们开始找寻自我，渴望独立。

第三个阶段是精神从狮子变成孩子的阶段。在这一阶段，在肯定的基础上进行肯定，但这个肯定不是来自外部的某个权威，而是来自自己。清楚地了解自己，然后认可自己的无限可能。

由此看来，尼采也是个婴儿崇拜者，这点跟老子很像。老子在《道德经》第十章说："专气致柔，能婴儿乎？"聚结精气以达到柔和、柔顺、柔韧，就能呈现出婴儿般无欲的状态。人生之初，有如一张白纸，无知无欲，至柔至顺，但是却蕴藏着无限的生机与活力。其实，这跟尼采的意思类似。

当一个人抵达婴儿的阶段，就不会再遭遇前面所说的种种问题，代表心灵重新回归原点，可以重新出发，让生命重新焕发光彩。

为什么要重新出发？因为上帝死了。上帝死了这件事，在尼采的这本书被提到了三次。其中，有一个地方最为明显，写的是一个疯子在早晨点着灯笼，声称在寻找上帝，周围很多不信上帝的人都笑他，而他则对众人说："上帝去哪儿了？"他呼喊着，"我来告诉你们。我们杀死了他——是你们和我！我们所有人都是杀他的凶手！"

为什么我们是杀死上帝的凶手呢？尼采认为当时的人有三个问题：一是对待信仰无所谓，假装在相信或许是一种时尚；二是生活方式太匆忙，不再思考，不再耐心面对自己的内心世界；三是文化太平庸，内心贫乏。

这三个问题导致的后果并不是真的杀死了上帝，而是我们不再相信上帝，上帝在人的心中死去了。

那么，既然上帝死了，我们应该怎么办？尼采说我们必须自己变成上帝，才能擦掉我们身上的上帝的血迹。我们自己怎么才能变成上帝呢？不仅尼采自己要变成上帝，我们所有人都应该且必须变成上帝。尼采在给我们指一条路，一条比上帝的还要好的路。

尼采认为宗教给弱者们提供了一件完美的武器，它宣扬：我们生来都是罪人，本应向上帝赎罪；我们的所有原始冲动、我们的本能都是罪，都是不应该存在的；而我们应该做的，就是遵循上帝的话语，老老实实，这样就能改变自己的罪恶。为什么有罪就是武器？因为你心甘情愿地臣服，放弃了自己对不足的抗争。

所以尼采说：基督教是从罗马帝国的卑怯的奴隶的头脑中产生的，他们没有勇气去攀登山峰，所以创建出这样一种哲学，硬说他们所居的底层很让人喜欢；他们制造出这样一种伪善的信仰，谴责那些他们心里想要而又无力为之奋斗的东西，称赞那些他们本来不想要而正好拥有的东西。还有，用尼采的话来说，无力变成了“善”，卑下变成了“谦恭”，屈从自己所恨的人变成了“顺从”，无力复仇变成了“宽恕”。每一种脆弱感都被封了一个神圣的名字，看起来像是“自愿获得的成就，是原来想要的，自己选择的，一项业绩、一项成就”。

就这样，宗教道德成了一种控制工具。而上帝的影子就这样笼罩着我们，让我们看不见生命的真正意义。在尼采看来，宗教道德无非是个避难所而已，必须要否定它，否则我们无法自由地寻找生命的意义，要改变这种现状，就必须让上帝死掉。

尼采想告诉世人的是，我们现在所活着的生活就是最好的。我们要完完全全地活出自己的生活，要让自己的生活充实到再生活上千遍上万遍也不会觉得疲乏厌倦；不要再幻想那些死后的天堂地狱，不要否定我们的天性来幻想死后能够去天堂。我们唯一要做的，应该是活好我们眼下的生活，在现在的世界中实现我们生命的价值，去危险地生活，去享受我们的生命；不要让自己在上帝的阴影下平淡地活，不要做一个弱者，要去成为一个超人（Übermensch），要成为我们自己的上帝，主宰自己的生活。

超人是更高级的人类，人类不过是猿猴和超人之间的一个过渡体而已。而要成为超人，则必须掌握权力意志，这就是尼采的第二本重要的著作《权力意志》中所提到的。尼采认为有权力意志的人，就要像歌德（德国著名文学家，代表作是《少年维特之烦恼》）、加利亚尼（18 世纪意大利著名经济学家，《货币》的作者）、亨利·贝尔（即《红与黑》的作者司汤达）和蒙田（法国文艺复兴后著名的思想家）一样。他们从悲观的内心世界发出欢乐而恶毒的笑声，他们发掘自己的才能，他们都具有尼采所说的“生命”那种东西。他们有勇气，有野心，有尊严，有人格的力量，有幽默感和独立性。

所以，权力意志的意思就是：人必须不断超越自己，不能满足，要不断向上，从高于自身的东西那里去寻找自身的意义和目的；人必须要不断地超越，打破道德束缚，摆脱奴隶的角色，才能实现这个超越。

不要在意世俗的眼光，
去热情拥抱生命，
去不停追逐你的梦想，
你就是那个不灭的太阳。
因为，
你的生命，
仅此一次。

要么庸俗，要么孤独

在各类生活问题的处理上，我非常喜欢两位哲学家，一位是叔本华，另一位是尼采：叔本华的悲情主义，奠定了生命最底层的基石；尼采的权力意志，张扬出了人性最高的光辉。

严格来说，这两个人我更喜欢叔本华一些。这就如同世界上的大部分名著几乎都是悲剧一样，往往越悲情，越能让人产生共鸣。毕竟我们都身处红尘，自然就有诸多的烦恼。

所以，一旦在生活中遇到各种问题，我就会找叔本华的著作来读读，一旦读不到，就会失魂落魄，宛如尼采对叔本华起初的迷恋。

有段话评价叔本华，我觉得很贴切：

> 真正的哲学家需要同时具备两个维度——心灵的能力和头脑的素质。前者是穿透到事物深处的洞察力，后者是将自己看到的东西清晰地表达出来的能力。尼采的心灵能力极为突出，康德的头脑素质出色，而叔本华两方面的能力都近乎完美。

叔本华的经典著作可读性非常强，比如《作为意志和表象的世界》，比如《叔本华美学随笔》，比如《人生的智慧》……今天，让我们一起来看看叔本华对人生的诸多观点。

人生有两大苦

一是物质的匮乏，
一是精神的空虚。
缺少物质，
人会苦于奔波之命。
缺少精神，
人则陷入万劫不复。
生活初始，
拥有的物质越多，
就越容易保持个人的独立性。
但人不能仅止步于此，

因为能驾驭人生幸福的，
并不是物质，
而是精神。

很多人不停地追求物质，
希望从财富那里得到幸福。
他们的人生重心随着每一次的心血来潮，
而不停地改变。
追求物质的人早晚为钱奔波，
费尽心思钻营，
追求着一个又一个转瞬即逝的快感。
就如同失去健康的病人，
期望在各种汤药中重获力量，
最终只会岿然倒下。
如何让精神更强大？
去欣赏艺术，
艺术包括建筑、园林、音乐、绘画……
当然最高级的艺术在他看来，
是悲剧。
因为只有你专注于艺术的时候，
你才活出了人的姿态。

要么孤独，要么庸俗

一个人对与他人交往的热衷，

和他的智力水平成反比。

越是智力平庸且比较粗俗的人，

越是喜欢社交。

人活一世，

可以选择的其实并不多。

一个人自身拥有的越多，

想从他人身上获取的东西就越少，

他人对自己而言几乎没有任何意义，

这也就是为什么一个具有高度智力的人，

通常是孤僻的。

不要在社交里寻找存在感，

不要在别人的眼光里生活。

因为一百个庸俗的傻子，

也凑不成一个孤独的聪明人。

不必谦虚，只管骄傲

骄傲源于内，是对自我的一种直接的欣赏。

虚荣则是渴望能从外界获得这种自我欣赏。

虚荣是骄傲最大的敌人，

因为你需要处心积虑地讨好别人，四处逢迎，才能让别人给予赞赏。

骄傲虽然常常引来诋毁和抨击，

但诋毁抨击别人的，

多是那些自身没什么骄傲的人。

一个人越是荒谬可鄙，

就越是喜欢搬弄是非。

所以对他们，我们不必在意。

如歌德所言：

为什么要抱怨你的敌人，

难道是要和他们做朋友吗？

你的存在本身，

对他们来说就已是沉默的永恒羞辱。

学会欣赏自己

艺术史和文学史告诉我们一条规则：

人类思想的最高成就，

通常都不是一开始就被识别的。

耶稣说：对着傻子讲故事，

就像对着一个在打瞌睡的人说话，

故事讲完了，他还来问：

你说的是什么啊？

耐得住寂寞，

才能担得起盛名。

无人理解，

或许是这些人还没有达到你的层次。

学会自恋，

如果一个人连自己都不恋，

如何指望别人能恋你？

学会自己思考问题，而不是就知道阅读

那些把一生都花在阅读并从书籍中汲取智慧的人，

就好比喜欢读游记的人，

虽然见多识广，

但都是纸上谈兵。

阅读时，

必须与读者对话，

跟他做辩论，

如果发现他并无法说服你，

把书弃置高阁即可。

书呆子学究都是阅读书本的人，

但思想家、天才，才是照亮这世界推动人类进步的人，

都是直接阅读世事人生这一部大书。

只有自己的思想才是我们真正完全了解的，

我们所读过的而不思考的东西，

往往是别人留下的残羹剩饭。

不要追求阅读的数量，

只关注阅读的质量，

不要只知道引经据典，

而要用自己思考后的语言表达出自己的思想。

这世界是你意志的体现

你是什么，这世界就是怎样。

生活中的幸与不幸，与其说是我们遇到了什么，

毋宁说是取决于我们与它们相遇的方式。

乐观的人总有理由感到快乐，

也就是说，

他本身就是一个快乐的人。

要做一个快乐的人，

首先必须谨记：

任何事都不值得你牺牲健康去追求。

这个世界并非慷慨无私，

我们能从中得到的东西并不多。

生活充满了痛苦和不幸，

就算你侥幸逃脱，

无聊也会无孔不入。

强大自己的内心，

才是救赎之道。

而强大自己内心最重要的方法，

就是明白自己是谁，

然后接受自己，

欣赏自己，

并且告诉自己，

我这一生，

必须快乐。

无聊，是因为自己无知

通过观察人打发时光的方式，

我们就知道闲暇对于他们来说毫无价值。

平庸的人感觉到无聊，

是因为他们的乐趣仅来自外界的刺激。

无聊地去借用各种刺激来满足自己，

只会加重自己的空虚感。

进而自责，

感受到更大的虚无，

最终迷失了自己。

具有天赋的人，

会想着如何好好利用自己的闲暇，

他们不需要外界的刺激，

来证实自己的存在。

因为他们做任何事情，

都是一种主动的行为，

自主的安排，

而不是寄托于外界，

依赖各种刺激。

第十四部分 懂远游

人生就像是一场探险游戏，需要一点一点地去扩展领地。在扩展的过程中，你就会发现世界越来越大。发现世界大了，你心里的阴暗面就小了。不要总是蜷缩在阴影里，打开窗子看看，你就会发现这世界绝对不止你那点爱恨情仇。

走着走着，就看清了自己

我有一个梦想，就是去西藏。这真的仅仅是一个梦想，我从来不觉得自己会有胆量去实现，因为一想到路途艰难和各种传说的高反，就足以让我打消这个狂妄的念头。但是，我岁数也慢慢大起来了，我想类似于纽约、伦敦、巴黎这些大都市只要不是瘫痪在床，早晚都是可以去的，但类似于西藏这样的地方，挑战会越来越大。于是，我就在网上召集了20位读者，我想这也是克服拖延症的一种方式吧，退无可退，置之死地而后生。

在20位读者从全国各地赶到成都某酒店集合之前，我都不知道谁报名了。在旅行前的聚会上，我才见到了每一个人，其中有做投资的，有做警察的，有做护士的，有自己做老板的……尽管他们的职业各不相同，但他们有一个共同点——都带着不同的心事。

旅行其实解决不了每个人心里的纠结，但是在行走中，面对广阔的平原，面对巍峨的高山，面对奔腾的江水，忽然就会想通很多事情。没有什么事情解决不了，因为人生转瞬即逝，何必自己困住了自己。于是，7 辆车装着 20 多人的心事，就从成都出发了。

每次我跟朋友说起去西藏旅行，他们的第一反应就是高原反应真是要命。我的一个朋友跟我说，自己坐飞机一落到拉萨，她就跳着高喊：我到拉萨了。然后，她就去医院躺了三天，紧接着就坐飞机离开了。每每听完这些事情，我都心有余悸。

高原反应

第一天，我们穿过二郎山隧道后，就直奔海拔 4298 米的折多山，同行的朋友们开始出现不同的症状，有人胸闷，有人头疼。在这样的海拔慢慢走路都相当于在平原进行百米冲刺。有点瘦弱的我反倒没有多大感觉，所以高原反应跟每个人的体质和心理状态有很大关系，别人的建议基本没有参考价值。有些很强壮的人因为需氧量大，反而容易出现高原反应。这真的是一件因人而异的事情。

我们在车的后备箱里准备了氧气瓶，但都互相鼓励着不用，因为一旦开始吸氧，就没有了适应的过程，那也就意味着很难走完全程。很多事情就是如此，只要有一点挫折和痛苦，很多人就会嗷嗷喊疼，唯恐天下不知。其实，过去后再回头看，也不过如此而已。

此时，团队旅行的优势就表现了出来，因为可以彼此迁就。我也不是很喜欢很多人一起旅行，总觉得需要照顾这个照应那个，反而忽略了很多本该可以欣赏到的景色。但走川藏 318 国道，如果没有经验和团队的协作，我断断不可能走完。

一个人的旅行，最考验的是与孤独相处的能力，无论何种美景，都因为没有心爱的人在身旁而显得索然无味，于是只能跟灵魂里的另一个自己交流，来感受最深层次的孤独感。一群人的旅行，考验的是适应别人的能力，跟自己完全不同的人，在了解之后其实也颇为有趣，原来每个人的生活，都有它的精彩。

一个人的旅行，更多的是感悟自己。而一群人的旅行，每个人本来都在按照自己的人生轨迹行走，在遇到那一刻，轨迹就开始并行，通过彼此的沟通交流，了解了别人过往的人生，自己的生命也就多出了许多层次。

第一天，整个行程中大家不怎么说话，我想都跟我一样，在调整自己的身体。车在路上行驶，窗外就是蓝天，每个人都屏住呼吸，让自己不至于太兴奋。加上同行的都是刚刚结识的旅伴，每个人也都刻意地保护着自己。

去西藏的路上，天非常蓝，刚开始会让人很兴奋，但到后面好像就觉得已经想当然，因为这是标配，所以也就懒得再举起相机专门去拍蓝天。

有时候，天是淡蓝的，觉得一伸手就可以触碰到云彩。有时候，天是深蓝的，觉得望过去就是浩瀚无边的宇宙深处。

一路上，我特别喜欢盯着天看，雪山上的雪被阳光照射后化成水汽，水汽凝结后飘在空中就成了云，云被风一吹就有了不同的形状：有时候像小提琴，有时候像羊群，有时候也像自己的那颗心。或许，人的生命就如同这云的流转，不断地在变换着形态。

我常常盯着盯着，就忘记了自己现实中的事情，轻松的灵魂专注于云卷云舒，从心底里泛出喜悦，涌向嘴角，变成了微笑。

同车的人问我：你为什么总是傻笑？

我说：因为无聊。

无聊地看着云，翻越了六座海拔4000米以上的高山（分别是高尔寺山海拔4412米、剪子弯山海拔4659米、卡子拉山海拔4718米、海子山海拔4500米、兔儿山海拔4696米、波瓦山海拔4695米）。山下是夏天，半山是春天，山顶是冬天。下山又觉得可能是秋天，一天经四季，果不其然。

四季的变换还不仅是景色，也包括了天气。一会儿艳阳高照，衣服脱得只剩下T恤，一会儿又寒风刺骨，大雪伴着冰雹啪啪地砸在车上。此时的人，仿佛在时间的长河里行走，窗外的时间在流淌，窗内的人惊讶地张大嘴巴看着高山来，看着暴风走。

对讲机里嚓嚓的声音开始多了起来，有人说快看左边，有人说快看右边。等到第二天到达稻城亚丁的时候，大家不知是因为疲惫还是放松了警惕，彼此的微笑多了起来。人生或许就如同这景色，经历的越多，自己就越不重要。不再执着于自己，或许就可立地成佛了吧。

稻城亚丁

到达稻城亚丁，有一位朋友说自己的身体扛不住了，必须要飞回成都。我没有勉强，因为每个人都知道自己的身体承受状况，

第十四部分 懂远游

看着她不舍又坚决的眼神，我不知道如何告别，只能说声归途顺利。这一生中，每个人其实都只能陪自己一程，不管你多么爱也不管你多么不舍，都无法要求别人陪你一生。

稻城亚丁是个摄影天堂，所以很多人专程飞到这里来拍照度假。我们被七拐八绕的景区大巴带到了半山腰，看那一座座高耸入云的雪山。那雪山岂止是高耸入云，简直就是插入深邃无边的宇宙。每次站在雪山下，我都有一个强烈的念头，为何我不是站在雪山之巅？

我想，每个人都会有我这个想法吧？每个人都渴望翻越一座一座的高山，然后俯视着这个世界，告诉他们：爷在这里。

导游说，你想去爬也不是不可以，但每座都海拔 6000 多米，如果没有专业的训练，恐怕是有去无回。我豪迈的气势立刻就打消了，双手合十面对高山心中默念：你是爷，我不惹你。

就如同每一次的表白，在分手的时候想来是极为可笑的，但在表白的那刻却是切切实实的真心。我们这一生，占有不了任何人，不管多么爱，不管多么不舍。我们唯一能做的就是，此刻，我爱着你。

路过的一对小情侣，女的问男的：你爱我吗？

男的说：爱。

女的问：多爱？

男的说：很爱。

看似无聊的对话，却让人心醉。

稻城亚丁景区很大，一天很难转完的。我就到处溜达着看，发现很多地方有用石头垒起的玛尼堆，也有人在地上用石头干脆摆个圆形，把名字写在中间。以前，我对这种仪式感的东西很不屑，一阵风一场雨就会化为乌有，多么可笑，期望能让自然见证久远。但在凝视了很久后，我想仪式感虽然无法保证恒久，但此刻内心满足难道不是最重要的吗？

随时撒欢儿

川藏线上除了蓝天、白云、高山、湖泊，还有阳光。

这里的阳光很直接，也很粗暴，一点都不含糊地扑在你的脸上、脖子上、胳膊上……只要你敢暴露的地方，它都会肆无忌惮地侵犯你。

从稻城亚丁去巴塘，全程313公里。因为路程不是很远，我们就在路上随便找了一个山顶去撒欢儿。西藏在这点上是很迷人的，每个地方只要你停下来就是风景，不似其他地方，随便圈起一个地方就当作景点收费。

如果单纯开车进藏，我想其实也没多少意思，跟其他旅行一样，这里我来了，这里我走了。但如果能有一群跟自己兴趣合拍的人，就可以完全玩出不一样的感受。所以，人这一辈子找个有趣的人一起生活，实在太重要了。对方总能在平淡无奇的日子里，找到一些火苗，让生活燃起来，嗨起来。

在一个鲜有人知的山顶，我们20多个人完全嗨了起来，随便找块大石头往上一站，再找人从下面往上仰拍，就立刻有气吞山河的架势。蓝天就是最好的背景板，开心就是对景色最好的呼应。美景让人陶醉，到底陶醉的是什么？是自己不加防守的内心。

其实人都很简单，只是生活让自己裹了一层又一层，我们不愿意让人看见真实的自己，也懒得去了解别人。于是，整个城市中的人如同行走的行尸走肉，你是你，我是我，我们井水不犯河水，哪怕相交但不必了解。

在壮阔的自然面前，人往往会不知道自己是谁，会有那么一刹那的错觉，怀疑自己是否真的存在着。于是，大家都开始放下身份，放下角色，大呼小叫起来。

我经常觉得，一个真实的人，才真正存在过。

芒康堵车

到了芒康，就算是真正进了西藏。其实不用记地名，只要你突然觉得车开始颠簸，那么基本就可以判定进了西藏。

进了西藏大家都很兴奋，感觉跋山涉水终于见到了藏区的景色。但现实立刻就让我们偃旗息鼓，因为遇到了路面问题。路面变得非常危险，时常见到有车翻在沟里，估计损害严重，索性也不再拖走，就地做个警示标记以告诫后来者。随车的石头（绰号）是个老司机，是正儿八经的那种老司机，经常出入川藏线，跟我讲了一个故事。

> 有一对夫妻自驾进藏，路上遭遇滑坡，太太当场死了。一年后，老公从北京开车运了一块碑，上面刻着：爱妻某某。老公把碑立在太太死去的地方，长跪哭泣几小时不起，路过的人无不感动。从成都到拉萨近 2900 公里的路上，有各种故事，也有各种事故，充满了悲欢离合。

维持秩序的警察告诉我们，没有 6 个小时，是不可能通车了，

路面正在加紧修复。我们一群人夹在车流中沮丧之极。于是，我就下车走到车边，靠着车轮发呆。同行的人过来，就放了一块钱在我面前，说扎西德勒。大家都纷纷下车，开始跟我演起戏来，有人一起乞讨表演才艺，有人趴在地上比惨，这叫就地取乐吧。

就这么快快乐乐地玩了几个小时，前方有人喊：可以走了！我们才恋恋不舍地回到车上。太多时候，我们一心想要奔向目的地，而忽略路上的心情和风景。目的地很重要，但那只是一刹那的满足，而在路上的过程，也是真正的生活。我们都说赶路的时候不要忘记看风景，真正遇到路上的问题了，又焦躁不已。

赶路，
也是生活。

仁青客栈

很多人都跟我一样，对进藏这条路上的住宿条件不抱很高的期望，同行的不少朋友还带了睡袋。不过一路走下来，根本用不上。这一路上的酒店不说多么奢华，但绝对很干净，也很清幽。唯一的问题就是冷，好在很多酒店都有电热毯，倒是也无甚大碍。

随团的导游不断提醒我，下一站的住宿可就不尽如人意了。结果到了一看，简直是人间天堂。这个天堂就是位于古乡湖旁边

的仁青客栈。

全木头的房子，被涂染得五颜六色，房子四周种了各种蔬菜庄稼。客栈主人就地取材，不仅有庄稼，还有散养的猪。自己种的蔬菜再用自己养的猪肉一炒，那香味，现在想起来都口水横流。在这里，不仅能吃到藏香猪，还可以看见猪跑。西藏的动物包括猪在内，都是横冲直撞，完全不把人放在眼里。这总让我想起王小波笔下那只特立独行的猪。

客栈的远方就是雪山，客栈的近处就是古乡湖。吃完午饭，我们就去湖边的沙滩上嬉戏。沙滩上有各种摄影道具，有酒瓶子，有树枝，有湖水，也有人从房间带来的《西藏生死书》。

我通常觉得，出门旅行拍景色的意义并不是很大，因为在网上比自己拍得好的大片有的是，而要把自己置身于景色这事儿就变得意义重大，现在已经很少有人把自恋说得这么清新了。而且喜欢拍照的人，往往特别能发现美。而一个能处处发现美的人，在生活中一定是一个充满激情之人。

晚上回来，客栈的老板娘仁青卓玛已经把篝火点燃。大家围在一起，在雪山下跳起了藏舞，也跳起了鬼步舞。老板娘看起来三十出头的样子，很有女汉子的味道，为人豪爽。其实，我觉得做人最舒服的境界就是，随遇而安不做作。所以，大家跟她开玩笑，她哈哈一笑，大家逗她，她也能巧妙化解。她围着篝火翩翩起舞，婀娜多姿。

一路走来，我渐渐找到一种感觉，就是真实感，活得真实。

大家要跳舞，可以；要喝酒，在我力所能及的范围内也可以；玩游戏，可以；开玩笑，也可以。人一旦端着，就让人很难受。你觉得这世界上每个人都关注着自己，其实，每个人都很忙，哪里有空关注你。

文成公主

距今 1377 年前，一支队伍护送着一个女人前往西藏（吐蕃）。当时，并没有川藏线，也没有青藏线，我不知道他们经历了多大的磨难，才亦步亦趋地到达了西藏。这个女人就是文成公主。我也不知道文成公主一路上想了些什么，只深深地记住了《文成公主》演出里的一句歌词："大唐女子千千万，为何独独是一人我前往吐蕃。"

如果文成公主誓死不从，路上完全可以找机会自尽，但她没有。如果我是文成公主，我不知道自己会怎样做，一边是大唐雍容华贵但平淡无奇的生活，一边是和亲将文化传播至西藏名垂青史。最终，她没有成为历史上众多默默无闻的公主，她现在已然被千万人称颂。

这是一种什么力量？去西藏的路上，我一直在看赖声川翻译的《僧侣与哲学家》。书中的父亲是法国著名政治评论家哲学教授让（Jean），儿子在获得分子生物学博士后在印度出家成了僧侣。在书中，父子进行了十天的对话，讨论了科学与信仰，也可以当作是哲学与宗教的一次交锋。

多数时候，父子俩谁都说服不了谁。一个认为科学足以解释世界，何必在虚无缥缈的信仰上纠缠。一个认为科学永远无法解答信仰的问题，科技越发达，人心或许越慌乱。最终当然是没有定论，这本书只是要你去思考这个严肃的问题。

对于这个问题，我的结论是这样的：信仰是一个人笃信的那些事情，宗教则蒙上了神秘主义的色彩；一个人可以没有宗教，但不能没有信仰；宗教提供了一种便捷的信仰模式，给你提供价值观、世界观和人生观，而没有宗教则需要自己去思考信仰问题，往往数年才能有所得。

我的信仰是：相信真爱的存在，相信通过自己的努力可以创造不同的生活，相信每一步的积累都有其意义，相信超越功利主义友谊的存在，也相信人生是一个经历，经历越多则人生的意义越大。

一个人为什么要旅行？这其实是一个很好的问题。我认为，旅行的目的大致分为四个层次。

第一层次是感受景物的刺激，比如水很绿，山很美。我自己住的地方都看不到这些，以视觉感受为主。

第二层次是进行文化的累积，比如了解地貌城市、艺术渊源、名人逸事。

第三层次是体验美的感受，进行美之所以为美的思考，比如欣赏山的层峦叠嶂、雕塑的艺术之美。

第四层次是实现心灵的成长，比如看海之辽阔映射内心之狭隘，山之雄壮洞悉生命之担当，而后在心灵思维层面得到升华，进而影响现实中的生活。

其实，旅行的形式真的不重要，重要的是找机会跟自己的内心做一番交流，在茫茫人海中每天行走，忘记自己。一般人做不到身在幽静，心在四海八荒，所以就需要外界的刺激。脱离自己熟悉的环境，就更容易让人放松。在放松的氛围下，一个人更容易找到自己，便是如此的意思。

布达拉宫

住进布达拉宫，
我是雪域最大的王。
流浪在拉萨街头，
我是世间最美的情郎。
自恐多情损梵行，
入山又怕误倾城。
世间安得双全法，
不负如来不负卿。

默念着仓央嘉措的这首诗，我逛进了布达拉宫。其实，到任何地方旅行，我都喜欢博物馆之类的地方。景色看便看了，只给人视觉的享受，当然也会影响心境，但远不及博物馆这样的地方给人的震撼。

博物馆一般囊括了一个地方的历史，你站在里面就可以看到历史的流转。解说员不停地说着每个达赖喇嘛的灵塔殿用了多少黄金和宝石，我却对垒在墙壁里的经书颇有兴趣。这些东西才是一个宗教的灵魂，才是最值得传承的东西，里面包括医药学、宗教学、星相学以及社会学。所以很多地方，比如泰国的孩子在小的时候就被送进学校学佛经，其本质就是接受教育。

一个人不管多么努力，
肉体也最终会烟消云散。
但知识、智慧、精神，
却可以穿越历史得以保存。
这样一个人就可以得到永生。

任何争取肉体永存的努力都是徒劳。
死亡，
恰恰是对人最好的馈赠。
试想，
如果一个人出生就不会死，
那是多么让人绝望的一件事。
那么，努力还有什么意义？
因为生命短暂，
所以我们要只争朝夕。
因为生命转瞬即逝，
所以此刻，
我们要好好相爱。

自律的民族

我经常思考人为什么要旅行，我的答案大约经历了三个阶段。

第一个阶段的答案是，世界很大，一个人得出去看看，从出生到死亡都困在一个地方，对不起生命，甚至也对不起地球。

第二个阶段的答案是，人需要换个角度观察自己的生活，而旅行恰恰提供了这样一种选择，在旅行的过程中发现事事未必如你意，人人未必如你想。于是，开始放下执着，学会接受挫折，学会尊重他人。心境于是豁然，心胸于是开阔，然后带着一个崭新的自己回到熟悉的家。

第三个阶段的答案是，人生的本质是一场经历，来世间一遭就是来搜集经历的，你经历的越多，你的生命层次越丰富，你的幸福感就越强烈。旅行无疑提供了这种多样化的经历，途中遇到的每个人、每件事、拍下的每张照片，都会成为宝贵的记忆。当你年老的时候，想着这点点滴滴，就会觉得无愧于自己走过的岁月。

英国有很多我喜欢的哲学家，比如培根，比如洛克，比如贝克莱，比如边沁，比如休谟；也有很多我喜欢的作家，比如狄更斯，比如毛姆，比如阿兰德伯顿。我经常觉得去一个地方旅行，就是跟这些人进行一次跨时空的交流。在去伦敦的路上，我随身带的就是阿兰德伯顿的《旅行的艺术》，里面写道：

> 旅行能催人思索。很少地方比在行进中的飞机、轮船和火车上更容易让人倾听到内心的声音。我们眼前的景观同我们脑子里可能产生的想法之间存在着某种奇妙的关联：宏阔的思考常常需要有壮阔的景观，而新的观点往往也产生于陌

生的所在。在流动景观的刺激下，那些原本容易停顿的内心求索可以不断深远。

当飞机降落在伦敦希斯罗机场，出于探索的渴望，我们谢绝了朋友的接机服务，迫不及待地搭上了伦敦的出租车。在我看来，出租车司机永远是了解一个城市最直接的解说员，特别是老司机。伦敦的出租车很有意思，后备箱几乎没什么空间，行李都放置在后座和前座中间，我非常惊奇那小小出租车的装载能力。

刚上车，司机就开始唠叨。他说话很快，不过还是赶不上计价器的速度，感谢英镑贬值。他唠叨的话题主要是明天要参加一个罢工，幸亏你们来得早，否则就打不到车了。我问这次罢工是为什么？他说他也不知道为什么，反正每隔一段时间就要来一次，也不见得每次都能争取到利益，但这就跟参加一个 Party（聚会）一样。他用 Party 这个词让我觉得很惊奇，可见英国人民是多么热爱罢工啊。

到了我租好的民宿，他一板一眼地把零钱找给我，一分钱不多一分钱不少。

我在很多国家住过民宿，但像英国这么严谨而随意的很少。严谨是房东把房子里的每种电器和房间都做了一本使用手册，把每种电器的用法和每间房子的特点介绍得一清二楚。因为房东假期去旅行，所以就临时把房子租给了来旅行的我们。随意是房子里任何东西一应俱全，甚至连女主人的首饰都摆在原地。我跟太太的第一个反应是：心真大。

在到英国前，我问胡润，对于英国你最推荐的是什么？他说美食。Are you kidding me？（你在跟我开玩笑吗？）英国的美食不就是炸鱼和薯条吗？他用中国的俗语说：耳听为虚，眼见为实。

整顿好行李，我就带全家开始寻找所谓的英国美食，首先在房子附近找到一座 Subway（地铁），而后在 Subway 旁边找到了一家 Pret A Manger（英国简餐品牌），放眼望去全是让人绝望的三明治。英国人这么热爱三明治，是因为在 18 世纪中期，一位叫约翰·蒙塔古（John Montagu）的伯爵，他的领地叫三明治（Sandwich）。据说他很喜欢赌博，经常一整天坐在赌桌边，一边打牌一边吃饭。他指示他的仆人带给他两片面包、一盘冷肉的午饭，他的朋友们都很喜欢，便把这样的午饭叫作 Sandwich。

虽然看着没啥食欲，但总比老美午餐吃沙拉好。于是，我们全家坐下来，边享受英国 Sandwich 美食，边怀念中国火锅。在吃这件事情上，我觉得没有哪一个国家像中国那么讲究，追求色香味俱全。可能是因为中国人把吃饭当作一个很重要的社交活动，所以必须要下足了功夫以示诚意。大部分老外把这事儿就当作吃饭而已，即便是在米其林三星餐厅。我曾经在丹麦去过的神奇的 NOMA（诺玛餐厅），也不过是在仪式感上做得很好，一顿饭吃四五个小时实属正常，但吃起来的口味嘛……见仁见智吧。

接下来的几天，我们不断扩大寻找美食的版图，最终发现地道的英国美食还是在中国城。那油腻感，那酸爽味，就对中国美食的这份执念，一出国就会对中国充满了热爱。在就要对英国美食绝望的时候，我们吃到了一顿Low tea，Low tea是下午茶，顾名思义就是坐得比较低，面前摆上五颜六色、琳琅满目的糕点，这才感受到英国人的精致。

或许，我已经想好胡润问我对英国美食的感受的答案了，就是英国美食真的太好看了。

如果有人让我说一个推荐伦敦的理由，我的答案一定是伦敦有很多博物馆，各型、各色、各种主题。我一直觉得，一个博物馆遍地的城市，人的素养就不会差。因为这些博物馆不断潜移默化地熏陶着这座城市。

但去博物馆要提前做好准备，因为旅行的一个危险是，我们还没有积累和具备所需要的接受能力，就迫不及待地去观光，而造成时机错误。我们所接收的新信息会变得毫无价值，并且散乱无章，在博物馆时尤其如此。

在伦敦的几天，我几乎是有时间就跑去博物馆，把自己读过的书、学过的历史跟眼前的展示器物、作品联系起来，立刻会产生一种时光交错的感觉。走过每个展馆，就如同在时光里浏览每个历史阶段；走过每位大师的作品，就如同在他们的背后轻轻路过。看到了中国的瓷器，看到了埃及的木乃伊，看到了正在创作的梵高，也看到了雅典城的兴衰。

中国人非常强调现世的感受，所以在享受方面精雕细刻，比如各种瓶瓶罐罐。埃及人很重视死亡的仪式，所以在殉葬这件事上研究得登峰造极，比如那些用各种技术做成的木乃伊。印度人重视来世的彼岸，所以在宗教气质上略胜一筹，比如各种佛像祭物。希腊人则活得非常抽象，所以在雕刻艺术上具人丰富的想象力。英国人说：你们别想那么多，抢过来都是老子的……

因为太太随行，所以我对伦敦的美女没有太深的印象。但余光告诉我，她们的身材是真好。感觉随便拉一个出来就是个模特，再加上她们好像很喜欢读书，英伦范儿一出来立刻就让人心动不已。

其实，伦敦的帅哥身材也很棒，这点跟美国不同。美国是一个被诅咒的国家，两极分化：美国人的身材要么好到令人惊叹，要么臃肿到让人绝望。我在美国曾经目睹一个男人，买了十二个汉堡，一口一口一口一口一口一口一口一口一口一口一口一口吃下去了。不用算了，我这么严谨的一个人，一共是十二个“一口”。当时，真的看得我是目瞪口呆。这可能是两国文化巨大差异的体现：美国人追求自由，怎么舒服怎么来，我愿意吃就吃，愿意放纵就放纵，所以对自律能力差的人来说，身材简直就成了灾难；英国是一个非常自律的国家，受教育程度普遍较高，因为崇尚运动和健康，所以在身材上保持得就很好。

在我看来，一个自律的人，生活不可能太差。因为经常反省，会让一个人自律，比如：觉得最近吃多了，就会克制自己的口腹之欲；觉得自己沉迷游戏久了，就会提醒自己多读读书。而一个放纵的人，会在自己作死的路上一路狂奔，永远不会停止。

日本人的麻烦

如果去过美国，就会觉得中国人活得很精致。美国生活的粗糙在于对细节的漠视，衣食住行统统大大咧咧。有一次，我太太在美国给当地朋友做中国菜，在厨房里腾挪转移，锅碗瓢盆叮当作响，最后像变魔术一样在餐桌上摆满了各种颜色的菜，看得这群美国朋友目瞪口呆地说：这么丰盛，一定要回报你们一顿。隔天，他们回报的那一顿，就是烧烤和沙拉。我经常觉得，美国人在吃这件事上真的是没什么天赋。

但如果去过日本，就会感觉中国人活得太粗糙。这种对比的感受颇有意思。日本人做一条如大拇指一般大小的鱼，也一定会非常精细地刮掉鱼鳞，刨出内脏，然后留下小小的一块肉，再很小心地加在米饭中间。对食物的态度，真的是一个观察不同地域文化的绝佳角度。日本的米饭很好吃，在日本当地的超市里，都有各色饭团出售，有纯粹的饭团，有带了一点点芥末的饭团，也有带一点酱油的饭团，更别说是各种让人眼花缭乱的用饭团做的寿司了。

日本人对细节的注重还体现在服务的方方面面。我坐过很多

第十四部分　懂远游

次大巴，车一到站，司机先下车，就穿一件衬衫站在瑟瑟寒风中，给每一位下车的乘客说再见，然后再欢迎每一位上车的乘客。等人都上车后，他最后一个上车，规规矩矩，一丝不苟。所以在日本生活会很轻松，每个人都按部就班，不需要额外费脑子担心各种意外。

就连路边的垃圾桶也放得规规矩矩，矿泉水瓶子放在一个桶里，盖子单独放在一个桶里，甚至矿泉水瓶身上的纸也可以单独放在一个桶里。日本的朋友告诉我，每年他们都会收到一个扔垃圾表，上面规定了扔垃圾的时间，每周哪一天扔哪一类垃圾，都是特定的。比如周一扔塑料垃圾，周二扔食品垃圾，周三扔电池，周四扔纸。如果错过了，那垃圾就要在家里一直待着等下周。

尽管方方面面已经考虑得如此周全，日本人还是忍不住不停地道歉。不管他们做错了还是没做错，先道歉是必不可少的。所以，在很多饭馆里吃饭，如果你说：请问芥末在哪里？服务员会先道歉：对不起。意思就是我们竟然没有考虑到您需要芥末，没有把芥末提前摆在您面前，实在是对不起。日本人对道歉这件事，已经到了狂热的程度。

日本人道歉的逻辑是，只要我给你添了麻烦，就是我的错。所以，由此我们就能理解日本人的所有行为：我不能给地球添麻烦，所以垃圾一定要分类；我不能给分拣垃圾的人添麻烦，所以垃圾一定要设定好哪一天扔哪一类垃圾；我不能给乘客上下车添麻烦，所以我一定要在车门口欢送和迎接；我不能给吃东西的人添麻烦，所以食物要精致再精致；我不能给残疾人出门添麻烦，所以各处场所都要考虑周全，以便他们顺利到达。

所以，日本人的口头语就是：对不起，给您添麻烦了。

ELLERY

第十五部分 懂职场

这世界上什么都缺，但从来没缺过人。没有人重要到，需要你总是记恨在心。我们跟这个世界和谐相处，就会发现很多闪光之处。我们放下防御，别人才能靠近我们，才能知道我们的想法。你把自己包裹得那么紧，别人想给你钱都不知道往哪里塞。

你这样，让上帝很为难

你有没有想过，按照你的条件，你目前的处境已经是上帝给你最好的安排了。

你每天抱怨生活不公，抱怨自己没有理想的职位，抱怨自己没有理想的薪水。可是你想过没有，你在工作中总是想着应付。上班的时候还在玩弄手机，处理私人事务，拿着公司发的薪水，做的却几乎是跟工作无关的事情。上班先洗十几分钟杯子，然后慢悠悠地打开电脑，顺道跟周围人八卦半天，熬到中午吃饭，兴奋地浏览网上的各种跟自己八竿子打不着的新闻：谁出轨了，谁嫖娼了，谁吸毒了，哪个明星穿了新款的衣服了……对这些了如指掌，如数家珍。

下午昏昏欲睡，逛逛淘宝，看看微信，朋友圈点点赞，有一搭没一搭地聊着微信群，终于熬到下班。不仅心不在焉，对大部分事情都是糊弄了事，从来没有想过把一份工作做到极致，这不是对工作应有的态度。

就这么熬一天算一天的态度，不被开除就不错了，还要难为上帝让他给你加薪升职。你这样让上帝很为难，知道吗？

你每天觉得别人总是走了狗屎运，对比自己优秀的人都嗤之以鼻，看不起这个瞧不上那个，觉得自己的生活完全不该像现在的样子。可是你想过没有，你每天打网络游戏，从不读书，每天让自己看起来很忙，本质上却浑浑噩噩，就是给你十年，你也不过是活出了重复的一天罢了。就这个条件，你还有脸抱怨命运的不公，你以为上帝瞎了眼吗？

你觉得每个朋友对自己都不够真诚，抱怨别人对自己不够好。可是你想过没有，没有事情你从来不联系朋友，一联系就是找人帮忙；对朋友的事情从来都是漠不关心，哪怕表面上关怀备至，转头就从不放在心上。你就这样对待朋友，却期待别人都应该对自己好。自己只要有个难处，全世界的人都该停下手里的事情，专心致志听自己的诉说，凭什么？你如此功利，上帝都觉得不好意思。你难道没有想过，就你这样的为人，你的朋友对你已经是仁至义尽了，你体验到的已经是最好的友谊了，你竟然还好意思抱怨他们不够朋友？

你觉得别人都该对自己友好，但却喜欢摆弄是非。你觉得自己会大发横财，但却毫无金融知识。你觉得恋人该对自己真诚，但却给自己留了无数的后路，跟所有觉得可能的人保持暧昧，跟别人打情骂俏的同时，却要求恋人对自己忠心耿耿，你病得可不轻啊。

要么就是你家里没有镜子，要么就是你从来没有正确认知过自己。

以你的所作所为，目前你的收入、爱情、友谊、事业，都是上帝想尽了各种办法，给你所做的最好的安排了。

不要抱怨命运，
命运从来都是公平的。
你的不满，
一半来自对自己的纵容。
一半来自对自己的无知。
其实你目前的生活，
已经是上帝根据你的条件，
给你的最好的待遇了。
感恩吧。

你有什么好忙的

好多人觉得我很忙，我也觉得自己应该很忙。

于是，我在本子上列了一下自己到底在做什么，有一家公司，有一家淘宝店，有电视节目要策划，每周要拍视频，每天要写公共号，要讲课……列完后，我把自己吓坏了，我同时在做着十几件事情。

但同时我又非常羞愧，因为我总觉得自己很无聊，好像没什么好忙的，这真的是太对不起大家对我的认知了。接下来，我深刻检讨了一下自己的做法，看看到底是什么原因造成了我的无聊。

首先，一个人要很清楚自己的优势。简单讲就是，知道自己能做什么，不能做什么。自己的优势不能触及的领域，尽量不做。就如同乔纳森说的：不要轻易选择一项无法深入并需要忍受的事业，那将毁灭你用生命兑换的实时生活品质，一切选择皆基于符合自己的本性。

一个人很难经受利益的诱惑，但越多的利益，往往意味着越多付出。最好的办法就是在自己的优势基础上做事情，然后一层一层往外扩展。比如我的优势是说话，所以愿意讲课，愿意给一些电视节目做策划。在讲课过程中，我发现很多公司在财务上有困惑，所以帮它们做财务咨询。

那么，一个人的优势是什么呢？主要有三项。

第一项优势是美貌。这项优势可以是天生的，也可以是后天修整的。因为美貌是稀缺的，所以是一种珍贵资源。不管你多么鄙视以貌取人的现象，但长相好的人机会就是更多一些。

第二项优势是天赋。这项优势是与生俱来的一种能力，比如有人对逻辑很擅长，有人对数字很敏感，有人对文字很在行，比如张爱玲。这种优势叫祖师爷赏饭吃。按照现在心理学的普遍看法，每个人都有某种天赋优势，越早发现越好。否则，做着自己不擅长的事情，只会让人难受想哭。

第三项优势是经验。这种优势是一种长久从事某项工作所获得的累积。这种能力只需要不断持续地做某件事，然后再反思总结即可。但是经验必须上升到方法论，才能获得长久的经验优势。也就是把自己做的事情，总结成“套路”。

其次，寻找合适的合伙人一起共事。我深刻地感觉到创业和经营需要的是完全不同的能力。很多创业者经常犯的错误是，我是创业者，所以我要把公司手把手做大，结果自己成为公司发展的最大障碍。

我是个想法特别多的人，也很喜欢把一件事运作起来，但是并不擅长经营。把规则理顺，把流程完善，这都不是我喜欢做的事情。因此，如果做的事情找不到能够做这件事情的人，我一定不会开始。

最后，学会利益共享。要找人帮忙，就得付出利益。用利益说话，会把人变得简单。用友谊去谈商业，终有一方会觉得吃亏，朋友也不会长远。用商业去谈友谊，本来就是以利益为基础，利益不均友谊也就土崩瓦解。朋友如果非要一起做生意，但我觉得最好是角色清晰，吃喝玩乐的时候谈交情，商业合作的时候一板一眼讲规矩，这样关系才能保持得长久。

我认识一个老板，好多人觉得他很傻，比如明明10万元的事情，别人给他报 15 万元，但他就是乐呵呵地继续合作。他的理由是：只要把事做好就行，而且只有别人觉得有便宜占，才会紧紧围绕在自己身边；如果我变得精明了，自己时时处处算计不说，有这精力浪费时间，还不如多想想怎么赚钱。所以他人缘很好，身边聚着无数的人才。

如果你并不打算创业，或者不是一个自由职业者，那么我有如下的建议。

首先，给自己设定一个三到五年的职业方向，比如你要成为一个理财规划师，那么你现在做的事情，是否有助于实现这个目标呢，做什么才能实现这个目标呢？英文里有句话：Begin with the end in mind。翻译成中文是：以终为始。

有了方向，才会有的放矢，这个道理就如同收拾行李箱。我发现：当你的行李箱内衣物摆放整齐的时候，行李箱内剩余空间就很大；当你的行李箱内衣物杂乱的时候，剩余空间就很小。同理，当你知道对自己而言，什么是你的目标和追求，就能很好地整理自己的人生这个大行李箱，你的时间反而会很多。而你越忙乱，时间就越少，情绪就越焦躁不安。

然后在所有该做的事情当中，先做自己最不想做的事情。这样做有两个好处：一是先啃难啃的事情，激发成就感；二是难做的都做了，容易的更没有理由拖延。

同时，在做事情的过程中，尽力做到聚焦。精力的分散非常容易导致效率低下。比如：你要写文章，就把手机扔到一边；你要看电影，就把手机扔到一边；你要亲热，就把手机扔到一边。

试想，你要是手机，还能笑得出来吗？

痛苦的三个角色问题

人生，严格来说就是一场角色扮演的游戏，跟打一场王者荣耀没什么太大区别。在这场游戏里，我们扮演着各种角色，比如我是父亲，是老公，是儿子，是老师，是创业者，是朋友，也是作家……可以这么说，人就是各种角色的集合，拿掉所有角色，人就只剩下自己了。

但一个人要全然只有自己，只考虑自己，是非常难的一件事情。掰着指头算，庄子曾经尝试过，竹林七贤曾经尝试过，林逋曾经尝试过，各种僧道虽然也多有尝试，但都脱离不了身处宗教之中的角色。也就是说，很多修佛信道之人，试图摆脱现实生活中的各种角色，却又陷入了新的角色之中。

人的苦恼大多与角色相关，比如：有人做朋友很棒，做恋人就很糟糕；有人做生意伙伴很棒，做朋友就很糟糕。有些人觉得聊得来就谈恋爱，后来发现简直就是魔兽争霸；对抬头不见低头见的同事就无话不谈，结果发现祸起萧墙。有些人注定就是戏路窄，你不能苛责他全能，角色的改变会使彼此的剧本失控，最后拍成了一部烂片。

其实，细想下来，角色导致的痛苦无非来自三个方面。

首先，令很多人最痛苦的一件事，就是角色不清晰。所谓的角色清晰有两层意思：一是明白自己的角色定位，二是承担角色的责任。比如你加入一个组织后，要迅速搞清楚自己的角色是什么，对上、对下、对内、对外平行，唯有如此，你才能知道扮演不同的角色时该说什么样的话。

比如孙悟空刚加入唐僧西天取经这个组织的时候，就搞不清楚自己是谁。在“四圣试禅心”这一回里，黎山老母、观音菩萨、普贤菩萨和文殊菩萨四圣变身母女四人，想分别许配给唐僧师徒四人。唐僧此刻凡心还是有的，自己不表态却跟孙悟空说：悟空，你在这里吧。

这就是一个试探了，意思是如果悟空愿意的话，大家可以考虑考虑，像八戒提议的快活一晚上明日再议也好。可是悟空忘记了自己徒弟的角色，坚决不从：我从小儿不晓得干那般事。八戒的回答就比较得体：大家从长计议。与悟空的一口回绝相比，八戒的回答就有很大的弹性空间了。悟空此时还是没有摆脱美猴王的身份，这直接断老板念想儿的话，导致了之后唐僧想借着白骨精事件把他赶走这一出。

搞清楚了自己的身份，还要承担相应的责任，如果单单是扮演个角色倒是容易，逢场作戏即可。但戏做完了，引发的各种问题你也要承受，这就是因果律。你睡了人家，要么一个月后给医药费，要么十个月后给奶粉钱。明白了角色，做了这个角色该做的事，说了这个角色该说的话，然后承担接下来可能出现的各种后果，才是人迈向成熟的第一步。

其次，角色给人带来的痛苦是角色的冲突。也就是说，你企图扮演很多角色，而这些角色之间本身就存在矛盾，而这个矛盾的不可化解，导致自己人格分裂、心力交瘁。比如老公这个角色和情人这个角色之间，就存在天然的矛盾，你试图去平衡基本不现实。再比如身为一个演员，既想享受名人光环，又想做普通人享受安静，这两个角色本身就存在矛盾，你追求出名的同时，就意味着你也同时放弃了自己的隐私权。

要处理好角色的冲突，就必须要在矛盾的两个角色之间做取舍，取一个舍一个，矛盾带来的压力自然消失。要么断了情人继续做回老公，要么舍弃老公的身份专心去做情人。一个人明确了自己在乎的角色，人生就会豁然开朗。身为一个演员，要么回归隐私保护，放弃曝光率，要么享受聚光灯，放弃别人对自己八卦的在意。

最后，角色给人带来的痛苦是角色错位。就是你明明是A，但你非要去做B。跟第一种痛苦不同的是，第一种是不清楚自己的角色，而这种很清楚自己的角色，却非要去扮演另一个角色。比如杨修这种聪明人，是非常清楚自己身居何位的，但非要扮演曹操这个角色，做曹操该做的事，竟然开始准备撤兵计划。再比如你在公司里本来只是个协助者的角色，结果你非要扮演主要的操办人，慢慢地所有压力都到了你身上，最后，做好

我觉得不管做什么，做到“匠”这个层次都是很高的境界，无论是功夫还是某种手艺。其核心是，发自内心热爱自己从事的事情，只要沉醉其中，就忘记了时间的流逝，精益求精，精雕细刻，不为炫耀，只为了“喜欢”两字而已。

了是真正负责人的功劳，做坏了都是你的问题，这就是所谓的“炮灰”。

结束这种痛苦有两个方法：一是心甘情愿当炮灰，赌一把，赌赢了没准儿功劳翻番，赌输了自然倒霉，有了这个心理准备，自然就不再纠结结果的好坏；二是不越雷池，是什么角色就扮演什么角色。比如在判离婚这种案子的时候，你就是法官的角色，解释法律实施判决，不必背负上离婚率的 KPI（绩效评价估指标），如果你总是试图去扮演情感咨询师，就有点越俎代庖了。

人生就是一场戏，
你是导演你是剧。
对白不要自言自语，
对手不是回忆，
要明白这三种结局。

从醋坛子里出来吧

我经常觉得很迷离。身处这么一个信息爆炸的时代，科技一天一变，手机摄像头的像素每过几个月就升级一次，就连朋友的长相靠美图工具几天就变一次。跟朋友们聊天，几乎所有人都认同，科技的迭代让人的思维变得更加浅薄，而不是更加深刻。

在这个大潮面前，很多人也在放纵自己的浅薄，比较典型的就是“自我防御机制”。比如只要听到什么理念，第一个反应就是拿一些话来调侃：听过很多道理，依然过不好这一生。这句话可以立刻让自己不听道理变得理直气壮起来。

段子笑笑也就罢了，如果你把一些调侃的段子当作指导自己生活的准则，那你真的可能就过不好这一生了。

我跟很多人聊天：只要说到马云，大家就一脸不屑，仿佛他不过就是个买假货的；只要提到马化腾，他不过就是一个毒害年轻人、卖会员的而已；只要提到雷军，他不过就是乔布斯在中国的一个阴魂。虽然这些聊天的朋友自己一无是处，但鄙视起别人来却振振有词。

这时候，人的自我防御机制会变得非常强大，他们觉得：这些人做的事情，我不屑去做；他们之所以成功，是因为我并不具备那样的机缘，所以我心安理得地待在自己的安乐窝里不思进取；如果我愿意去做，并具备他们的运气，我肯定比他们厉害多了。

这种自我防御机制对付身边的人更是强大：我同学现在比我有出息那是因为傍了个大款；我单位那个小姑娘现在混得风生水起就是靠胸；我是不愿意去争，否则那次评选哪能轮得到那个小子？我不觉得这些说法有什么说服力，反倒觉得你的认知真的出现了问题。

一个正常认知的人，首先要反思的是：他们做到了，为什么他们做到了，他们具备了哪些条件，我该如何具备这些条件。这才会给人带来力量。我们的国家发展了这么多年，同情弱者大家基本做到了，但要提到欣赏强者，坦白说，很多人还在醋坛子里浸泡着。我们要学会要把自己的醋意变成蘸料，然后去分析螃蟹在哪里。这个世界上优秀的人很多，在我们看不见的地方他们都下了很多功夫，我们需要透过他们做的事情去分析他们的诀窍在哪里。

不要自我封闭，也不要亦步亦趋，我们要做的是让自己成长。

其次，不要让自己与世界为敌。我这几年很喜欢萨特的观点，这世界是很虚无的，大家都是偶然路过，不知道怎样就走了，哪里有那么多的爱恨情仇。这世界没有对不起你，别人也没那么多闲工夫总考虑你的感受。每个人要做的，就是走好自己的路。你不能总怀着仇恨郁郁寡欢一辈子，你就是把自己气死，最后一埋，过不了几天，你就跟没来过一样。

这世界上什么都缺，但从来没缺过人。没有人重要到，需要你总是记恨在心。我们跟这个世界和谐相处，就会发现很多闪光之处。我们放下防御，别人才能靠近我们，才能知道我们的想法。你把自己包裹得那么紧，别人想给你钱都不知道往哪里塞。

最后，摆脱自我防御机制的方法就是不要总把段子挂在嘴边。本质上来说，段子是反击一切正向思维的，其功能就是博人一笑。但这事的恐怖之处在于，挂在嘴边多了，你就会相信，而后就会变成你的思维模式。比如：努力不一定很成功，但不努力一定很快乐，所以我一定要快乐。再比如：今天解决不了的问题，不要着急，反正明天你也解决不了，所以能拖一天算一天吧。你这样久了，会让自己变得很浅薄，因为你只停留在了很肤浅的思考层面。

正如萨特所言，
你之所以看见，
正是因为你想看见。

这根本就是两码事儿

人的大脑虽然分左右，但是人的思维却是习惯线型的，这直接导致的问题就是，普通人处理不了复杂的问题和逻辑。一遇到就容易极端，大脑就会出现一个防御机制：我不听，我不听。

这让我想起一个段子。

一个女生跟男朋友说：你解释给我听！

男朋友：来，这件事是这样的——

女生：我不听！我不听！

比如有些逻辑一想就很容易想通，但很多人却分不清：谁爱她，她爱谁。

很明显，这是两件事：谁爱她，说明了她的魅力；她爱谁，说明了她专注的对象。你不能因为很多人爱她，就心生恨意，也不能因此就迁怒于她，因为她也决定不了这事。但是她爱谁，却是由她决定的。如果她正好爱你，那你很幸运，因为在众多爱她的人中间，她选择了你。

如果你分不清楚这两件事，就会天天惦记着那么多爱她的人，让自己徒增莫名的烦恼。那些人其实连竞争对手都算不上，因为他们只是在审美罢了。这种审美就如同很多人喜欢高圆圆，但高圆圆只喜欢赵又廷。赵又廷不能说：那么多人喜欢的我不要。那简直就是暴殄天物加脑残了。

这种逻辑叫双向逻辑，就是两个方向，搞清楚主要方向即可。还有一种逻辑叫因果逻辑，我们会习惯于把不相干的事情放在一起，并认为两者有必然关系。

再比如：听道理，过好这一生。

听过很多道理，依然过不好这一生。这句话就是把听来的道理，跟自己的一生混淆在了一起。所以一个人过不好这一生，立刻就会认为，听来的道理没用。如果听道理就能过好一生，机场书店里的服务员是最容易过好一生的，因为他们天天从摆在门口的小电视里听道理。道理是原则和自然法则，是一种高度的概括。越是高度概括的理论，越是抽象简洁。因此在应用层面，就越需要具体问题具体分析。而如果一个道理越是具体化，那么它就越缺乏普适性，离开了一个事件就无法运用。

因此听道理跟过好这一生，基本无关。正确的逻辑是，听到对自己有用的道理，应该去思考，变成自己的理解，然后在行动中去实践。你读了多久“葵花宝典”都没用，必须得从“自宫”开始。

对于因果逻辑，只要搞清楚此因并非一定产生此果即可搞通。还有一种逻辑叫并列逻辑。比如在跟人打交道的过程中，人家到底是针对你的人，还是针对你做的事情，也不是一码事儿。

如果别人是针对你的人，那么你做什么并不重要。就好比一个姑娘对你没兴趣，是对你的人没兴趣，你做什么都感动不了她。你在她楼下用花摆个爱心，她也只会觉得你是个花式傻瓜。不是你做的事情不够浪漫，而是人家不喜欢你这个人。

在公司里也一样，如果人家是对你的人有意见，那你还是跳槽的好，否则你做什么都是当炮灰的命。但如果别人是对你做的事情有意见，那就简单了，改变做事的方式即可。这两件事混在一起，也是怪让人懊恼和焦虑的。

对于并列逻辑，我们应该拿一张白纸，一分为二，把自己的思考写在两边，然后根据别人对自己的态度和方式去识别，到底人家是对你做的事情不满意，还是对你的人不满意：如果是对自己做的事情不满意，那自己就继续变本加厉地努力（这个成语用在这里怪有趣的）；如果是对你的人不满意，就停止你的徒劳。

这世界很复杂，
复杂到需要经常动动脑子。

看清楚很多事情，
不是为了看清别人，
而是为了，
让自己更轻松。

第十六部分 懂教育

别总在思考要个孩子的得失了，当你失落、辛苦、纠结，愤愤地回到家时，把孩子抱到怀里的那一刻，觉得一切都是浮云，这就值了。

别总想着跟孩子做交易

有一次，我带儿子去看电影。到电影院的时候，我们的座位上坐了一个妈妈和一个小孩，我说：不好意思，这个座位好像是我们的。为了防止对方尴尬，我还特别选用了“好像”这个词。

那个妈妈毫不客气地说：你们坐别的座位就不行吗?

看她理直气壮的样子，我一下就较起真儿来，说：不行，谢谢，请你们坐回自己的座位。

她不情愿地站起身，这时候她的小孩哇哇地哭起来，死抱着座位不放，说就要坐在这里。她说：你看，我家孩子都哭成这样了，你们坐我们的座位去吧。

我说：孩子一哭，就可以把别人赶走?您儿子娇贵成这样?

她一边哄小孩一边又跟我商量：要不让你儿子跟我儿子坐一个座位?

我说：不行，请按规矩做事情。

这时，她的小孩抓狂一样地嚎叫，说就要坐这里就要坐这里。这时，她仿佛在跟自己的小孩说：没办法，遇到了素质不高的叔叔，这样吧，我们坐回自己的座位去，看完电影妈妈带你去肯德基。孩子听完停止了哭声，然后爬起来跟妈妈去了他们的位子。

这事儿让我挺有感触的，平时我也不得罪谁，怎么突然就被人扣上了“素质不高的叔叔”这样的罪名。其实，我并不想讨论这位母亲的素质，只想说说教育孩子这事儿。我特别想通过这件事让她明白一个道理，她儿子并不是宇宙的中心，行走在社会上，不是每个人都会让着你，哭闹也不行。

而这位母亲用去肯德基为条件，把孩子成功带回自己的座位，这种方式我也非常不认可，这是跟孩子做交易。做交易的前提是你拥有某种权利，然后才可以用别的利益来交换。这座位本来就不是你的，让座位是你的义务，也是规矩，这是不可以用别的利益来交换的。

我相信这孩子平时也是在交易模式中的，所以在遇到任何自己不愿意做的事情时，就通过撒泼打欢来增加谈判的筹码。在这种屡屡得逞的模式下，孩子没了规矩，也没了素质。

如果是我儿子破坏了规则，我会直接用规则教育他，比如不可以坐别人的位子，不可以说谎，不可以在公共场合大声喧哗。不可以就是不可以，没有什么可协商的。而我在春节假期期间，见到了很多孩子的父母，都如同电影院里这位妈妈，把对孩子的教育，全部变成了交易。

“如果你听话，回家就给你玩手机。”

“如果你这么吵，你回家做作业吧！”

貌似家长们就这两招儿，所以在孩子心目中，玩手机成了奖励，而做作业成了惩罚。所有跟这两件事不相干的问题，都成了交易。孩子们都是很聪明的，当他们很快觉察到父母们的这个模式后，就会在任何事情上去交换本该不属于自己的利益。

我特别想给父母们提几个建议。

首先，涉及原则的事情，没有交易可言。做错了事情就该道歉，而不是道歉就可以晚上玩手机，这两件事完全无关。如果撒泼打欢就必须严厉批评教育，这是对孩子负责。因为你的爱不能保护孩子一辈子，你的孩子也不会只在有你保护的环境下长大。会叫的孩子不应该总是有奶喝，这时候应该是有棒喝。

其次，如果要交易，必须要有明确的规则。比如我儿子小的时候，我曾经模仿《大耳朵图图》动画片里的方法设计了兑换券，每周发七张电视券和七张游戏券，每天最多用两张，孩子从此就没有再撒泼耍滑过，他也开始学习有限资源的合理使用。但这种交易不应该涉及其他问题，比如做作业并不会多奖励一张券。做作业是义务，不是可以交换的权利。

最后，父母是孩子最好的老师，这句不是虚话。如果自己做错了，应该立刻道歉改正。如果孩子做错了，应该立刻教育，而不是想办法损害别人的利益来成全孩子，不要总把期望寄托在别人的不计较和不好意思上。当着孩子面的时候，每一件事都想想：将来孩子会不会学得跟我一样。

希望每个孩子都健康成长，也希望每个父母都能做好榜样。

幼儿园如何才能好起来

胡适曾经说过一句话："你要看一个国家的文明，只需考察三件事：第一看他们怎样待小孩子，第二看他们怎样待女人，第三看他们怎样利用闲暇时间。"

随着女权主义的发展，也因为女人们自强不息，第二件事已经改善得不错。而闲暇时间的利用，随着互联网技术的发展，现在也呈现多姿多态。但唯独第一件事，现在却总是丑态百出。

我经常听到关于幼儿园虐童的新闻，试想身为家长本来压力就够大的了，勤勤恳恳工作，兢兢业业炒股，老老实实纳税，默默无闻还房贷，对这个世界没有任何怨言，总指望着靠自己赚的钱就能给孩子赢得一个美好的未来。结果有一天忽然发现，幼儿园竟然虐待自己的孩子，你会不会就崩溃了。在这一系列虐童新闻爆出后，有人开始呼吁：幼儿园应该公办，不应该民办。我有不同的意见。

我查了一下，世界上近两百个国家，只有沙特阿拉伯这样的土豪国家的幼儿园是公办完全免费的，其余国家都或多或少收费，都是公办私营混合着来。你们想过为什么吗？像北欧一些国家已经富得流油，它们的幼儿园也不会完全由国家承包下来免费：一是因为学前教育的主力军应该是父母，而不是学校，这些国家并不想给家长完全托付给幼儿园的错觉；二是因为市场化的参与往往才能带来更好的服务。

目前，国内的幼儿园基本也是参照国际惯例，大部分地方是以公立幼儿园为主，收费标准每个省、每个城市的规定都不同，但基本上不会很高。以北京为例：一级园保育教育费为 750 元 / 生月，住宿费为 300 元 / 生月；私立的幼儿园收费则区别很大，从几千元到几万元不等。尽管如此，幼儿园依然供不应求，存在巨大的缺口。根据教育部全国教育事业发展统计公报，2015 年中国共有 22.37 万所幼儿园，其中民办幼儿园 14.64 万所，在园人数是 4264.83 万人。平均下来 190 个孩子一所幼儿园，基本上处于根本不愁生源的情况。

我们拿在《经济学人》中幼儿教育水平连年排第一位的芬兰做个对比。在 1 公里范围以内，芬兰至少会有 4 所幼儿园。形式多种多样，可能是公立幼儿园、私立幼儿园、国际幼儿园、私人家庭日托班、开放幼儿园，也可能是早教俱乐部。幼儿园的覆盖率这么高，所以师生配比很低。根据儿童发展的阶段性特点，芬兰幼儿园内部分 0~3 岁小组和 3~6 岁小组：前者师生配比是 1 : 4，一个班平均有 12 个学生；后者师生配比是 1∶7，一个班平均有 21 个学生。芬兰幼教这种师生配比，在全球都是高标准。对比看幼教质量不错的上海，根据上海统计局数据，上海的师生配比约是 1∶10，一个班级平均有 30 个学生。

所以，我认为解决幼儿园问题的关键在于以下几个方面：

首先，中国的婴幼儿教育资源严重缺乏，应该鼓励开办更多民办幼儿园。现在的幼儿园竞争严重不足，在服务设施改善方面就缺乏动力。试想，如果幼儿园 360 度无死角监控是标配，那硬盘动不动坏了，摄像头动不动不灵的幼儿园就会无人问津。

而早教市场的竞争加剧，就会逼迫幼儿园做出变革，比如以更高的薪水招聘高素质教师。要用市场竞争来优化服务，而不是用公立取代私立民办幼儿园。看看高速公路就好了，大部分高速收费口连支付宝都不支持，为什么？因为没有竞争。如果是市场化竞争，客户送钱，难道不是怎么便利怎么来吗？少数公立幼儿园，主要是为低收入家庭服务。而更多样的私立早教机构，应该更多地交给市场。

其次，交给市场后，国家监管部门必须严厉监管，提高幼儿园教师门槛，定期与不定期地督导。视频监控直接跟教委联网，由教委随机抽查，一经发现违规，信息公开，及时让这些幼儿园曝光，该处罚处罚，该移交公安机关追究刑事责任追究刑事责任。人性可善可恶，但规则可以引导人性不敢作恶。

最后，用科技来改变现状。现在互联网如此发达，让家长在手机端实时监控又不是什么难事儿。既然目前彼此信任度这么低，不如就交给科技来解决。

我们说了这么多，还有很重要的一点就是——父母的责任。不管自己多忙，父母每天都应该问孩子三个问题：一是今天在学校学到什么（监督学习质量），二是在学校里老师都在做什么（监督教师素养），三是小朋友之间发生了什么（监督学校氛围）。

这就算是现在父母的“每日三省孩身”吧。

老师也是人

每年教师节，所有人都会感恩老师，用“蜡烛园丁”“人类灵魂的工程师”来大加歌颂。但是我却经常不以为然，因为所有教过我的老师都喜欢骂我一句话，给我幼小的心灵造成了巨大的创伤，这句话就是：不要以为长得帅，就可以不读书！

我从小就不是讨老师喜欢的那类学生，因为我比较笨。那些怀念老师的大部分人，都是优秀学生，读书的时候受到老师的恩宠，也是老师们的骄傲，而老师们基本上从来没有对我抱过此类希望。

我上小学的时候，考试成绩要跟大字报一样贴在校门口。因为学校就在我们村口，所有村民路过村口的时候，都一目了然。这是我们村很重要的一项娱乐活动，站在公布的成绩单前面对各家孩子评头论足。我父母是很要面子的人，每次看到我的成绩排在倒数第一位，回家都是暴力事件。

我只感激小学的一位语文老师。有一次写作文，要求写天气。我就写：昨天的天气如同相爱的两个人，两个嘴靠近，就如同两片带电的云，碰在一起就会电闪雷鸣。

老师当着全班学生的面读我的作文，还问我：你哪里来的生活经验？

我说：电视里看的，我就忽然想到了。

他说：你写这些乱七八糟的东西，恐怕将来只能当个作家了。

真的是一语成谶。

初中时，我就到外地读书，我也不知道那个年代的老师怎么那么喜欢暴力。我印象最深刻的一次暴力事件是：一次自习，大家都热血沸腾地聊天，物理老师进来后，要求每个人抽自己耳光，一排一排来，而且声音必须要全班所有人都可以听见。

这件事直接导致我后来成了一名文科生，我对物理简直厌恶极了。但物理老师还是不放过我，要求我做物理课代表，你们见过一个课代表是全班成绩最差的吗？

于是，我就发愤图强，爱上了物理老师的女儿，她在我们隔壁同年级。我们那个年代表达爱慕，就是送笔记本，里面洋洋洒洒写着情诗。我的情诗无非就是：当我靠近你，就像一片带电的云靠近另一片带电的云，随时准备电闪雷鸣。

后来不知道怎么着，这件事就被物理老师知道了。他把我带到实验室，去做电闪雷鸣的实验，就是那种让头发竖起来像爱因斯坦的那种。从此，我就不敢再送笔记本了，也不敢谈恋爱了，一心一意努力学习，终于考上了我们市里的重点高中。

到了高中，我也不知道老师怎么回事儿，不但让我做物理课代表，还让我兼任班长。你们知道，做班长事务很繁忙的，要跟团支书斗争什么的，我的成绩就一落千丈。我的英语老师是个美女，每次上英语视听课，只留我一个人在教室没资格参加，这简直就是拿班长不当干部啊。

她说，我教过的学生里，你是最笨的一个，没有之一。这句话非常不科学，她怎么可以忘记我们班退学的那个学生呢？她这句点评导致我的心理非常扭曲，我就追了我们班里英语最好的一个女生，让她给我补课。没人的教室里，没人的操场上，没人的小树林里，都留下了我们互相激励学习的身影。我们还凑钱买了个录音机，坚持听各种奇怪的英语口语。高中的后两年，我的英语老师基本都没怎么理过我，因为她的口语不如我。

读了大学后，我就跟互相补课的女生分手了。严格来说，是她不要我了。不是一个学校不说，更重要的是，因为我一门心思投入到计算机编程这件宅男该做的事情上了。我们那个年代，正流行用 Foxpro（一款数据库产品）编写财务程序，我一农村孩子，又没怎么接触过电脑，就天天去机房泡着。我的计算机老师问我：你将来要成为一个程序员吗？

我困惑地问：什么意思？

他说：如果你想做一个程序员，那么你每天来编程，这很好；但如果你将来并不打算从事这个职业，那么及格就可以了。

那时，我对他简直顶礼膜拜。虽然我不知道自己将来要做什么，但我知道自己将来不想做什么。我回寝室照了照镜子，觉得以我这样的容貌，每天面对电脑岂不是白瞎了偶像派的飒爽英姿吗？

于是，我就断然结束了自己对编程的痴迷，开始去泡图书馆。所以，我也鼓励现在的大学生逃课，逃课去做什么呢？去图书馆。自己喜欢什么就读什么，并不一定跟专业相关，只需要结合兴趣来读。那时，我基本上把能找得到的《金瓶梅》的各种版本都读了，觉得不过瘾，又开始读《西厢记》，还觉得不过瘾，就开始读西方经典文学。没想到，这些现在成了我的职业。

这就是我从小到大印象深刻的几位老师，简直是相爱相杀。我不知道他们算不算良师，但是都切切实实地改变了我的人生。我不喜欢把老师的形象无限度地拔高，因为老师也是人，是人就会有各种情绪，也会有自己的喜好，要做到对所有学生一视同仁，也更是不可能。

但只要是发自内心地希望每个学生都变得更好，这就是一位好老师。而在让学生变得更好这件事上，每个老师的风格又各不相同，有的老师严厉，有的慈悲，也有的没个正形喜欢跟学生打成一片。

如果再来一次师生之缘，
我还希望你们继续做我的老师，
因为没有你们，
我早就堕落到，
只能靠美色行走江湖。

STOP

第十七部分

懂娱乐

我很欣赏你，但我并不绑架你。你唱歌好，我就听。你演戏好，我就看。我对你的欣赏停留在你作品的层面，喜欢鸡蛋就想着鸡蛋怎么炒，不要总惦记着那只鸡。

追星的姿势

年轻的时候，我特别喜欢小虎队，小虎队解散了。后来，我又很喜欢 F4，F4 也解散了。这几天，很多人让我喜欢鹿晗，我问为什么，她们说这样鹿晗或许就可以跟关晓彤解散，我第一次有了某种使命感。在我们那年代，喜欢明星、表示爱意最多就是买贴画，然后贴在书皮上。现在人追星，都可以帮明星买一颗星星。怕是以后，我们抬头看，满天空都是明星：你看那一颗叫胡歌，多好看，旁边陪着他的那一颗，不离不弃的叫霍建华；看，夜空中划过一颗流星，那是出轨的明星。在我们那年代，听说明星结婚了，就想着他们什么时候生孩子。现在人听说明星结婚了，气得自己连孩子都不想生了。

我在想：我们为什么会追星呢？这件事的答案从本质上来说，是追求一种养成的满足感。因为普通人的种种限制，在残酷的生活面前，很难有出人头地的机会。而明星不同，拥有大量的资源和平台，他们的未来有无限可能。所以，粉丝选择了一个自己喜欢的明星，就会希望他一路过关斩将，不停地实现一个又一个的梦想。因为这是自己资养的人，他的每一步成功，粉丝都会觉得有自己的一分子。

这也就解释了很多明星出了负面新闻后，粉丝会第一时间出来帮着解释，因为自己投资的明星形象大损，相当于自己投资失败。久而久之，这种思维的惯性固化后，很多人就会误把自己和明星的生活捆绑在一起。偶像过得好了，他们会产生自己的生活也改善了的错觉。偶像过得差了，他们会产生自己的生活暗淡了的错觉。偶像结婚了，他们就会觉得自己失恋了。偶像离婚了，他们又觉得再也不相信爱情了。

从严格意义上来说，追星就是一种单恋行为。其实你是谁，你喜欢的偶像明星根本就不知道。偶像明星也不会想靠近粉丝，因为身边无伟人，所有人靠近了，其实都差不多。你做的事情，偶像明星也会做。你的所有爱恨情仇，偶像明星也都有。他们要做的，就是让你单方面喜欢就好了。至于他喜欢不喜欢你，你是谁啊你?

从偶像明星的角度来说，他们为了维持市场的热度，是非常需要粉丝的，不仅可以提高自己的身价，还可以直接得到粉丝为其消费的收入。但粉丝是双刃剑，爱到深处就是绑架。被无关紧要的人绑架，是一件让人哭笑不得的事。因为明星要照顾粉丝的情绪，所以要扮演好他们希望的自己。因为要照顾他们的感受，所以在恋爱、结婚、离婚这些本该属于私生活的事情上，都不敢说拥有绝对的主权。

所以，粉丝跟偶像明星之间，其实是一种互生的关系，彼此绑架，相爱相杀。偶像需要脑残粉，因为脑残，所以你才会不计代价地喜欢他。粉丝需要幻觉，我喜欢你，所以你要成为我想象的样子。这就是目前绝大多数粉丝和偶像之间的关系。这种平衡一旦被打破，就一定会有一方很受伤。

那么，我们到底该以怎样的姿势去追星呢？

我很欣赏你，但我并不绑架你。你唱歌好，我就听。你演戏好，我就看。我对你的欣赏停留在你作品的层面，喜欢鸡蛋就想着鸡蛋怎么炒，不要总惦记着那只鸡。这样，偶像万一出了什么问题，自己也不受伤，因为你未必喜欢这个人，你喜欢的是他的歌和影视作品。

不管怎么追星，都不能替代自己现实的生活。如果为了偶像自杀，那更是不值得。爹妈把你养这么大，含辛茹苦，不是让你为了一个完全不认识你的人去自杀的。你想想：偶像不结婚，也不会跟你结婚的；他离婚了，也不会跟你结婚的。

让自己更好，才是追星的意义。因为受到自己喜欢的偶像的激励，所以自己努力拼搏，向优秀的人靠近。安静地读点书，认真地做好工作，好好爱身边值得的人，让自己成为一个更好的自己。

这样有一天，如果有机会见到自己的偶像，你才会自信地站在他面前说：谢谢你，因为喜欢你，我变得越来越好了。

我们不管喜欢什么爱什么，
最根本的目的，
就是为了让自己变得更好。
如果不能，
那你肯定是爱错了，
或者错爱了。

宠妻狂魔

在电视剧《那年花开月正圆》中，孙俪简直是演技爆棚，把一代秦商巨贾周莹的传奇经历演绎得淋漓尽致。我太太看这部剧看得泪流满面。我说：有这么让人感动吗？她说：你看人家吴聘对太太多好，再想想你，我就黯然神伤……

这我就不服了，江湖谁不知道我是一个宠妻狂魔，爱老婆九段选手呢？不过把整部剧跟下来，跟吴聘相比，我是自叹不如。吴聘这个角色简直就是为何润东量身定做的，温润如玉，温文尔雅，又尽显正义、刚毅。他都对周莹做了些什么，让周莹这么野的性子突然就收敛起来，并且爱得死心塌地呢？他把周莹爱到了什么程度呢？

这么说吧，他直接让周莹的爱在他身上做了终结。周莹后来再想起吴聘时说：“你走后，所有快乐都转瞬即逝。而不快乐，却是那么长久。”我觉得这就是世间最深切的爱，我的爱在你身上终结，你走后，我的爱就跟着你埋葬了。

吴聘首先能做到的是，尊重周莹的个性，因为他清楚自己爱的就是她的个性，而如果改变她，将她变成另一个人，就没有当初爱她的感觉了。很多人没有搞清楚这件事，在一起后，总想改造对方，让对方成为自己想要的样子。但事实是，如果对方改变得跟你想的一样，你就会立刻意兴阑珊，因为你真正爱的，其实是她当初的模样。我们总是想修理别人，直到把对方修理成自己不喜欢的样子。

周莹追求自由，性格直爽又不拘小节。吴聘采取的做法是，在不涉及原则的问题上放纵，吴聘的原话是：从今往后，在吴家东院里，想无理取闹就尽情地无理取闹，什么都不用管。在周莹跟自己爹妈出现矛盾的时候，他在中间斡旋。这才是一个聪明的男人该做的事情。

其次，吴聘做的是让自己的女人放心：我的眼里只有你，所以我断绝跟所有女人的暧昧。面对前女友胡杏儿的小暧昧，他做了决绝的了断，并且跟周莹交了底：我的确是对不起她，并不是因为我没有娶她，而是因为我很高兴我娶的人不是她。很多男人做不到的是，爱一个人，就断绝了跟所有人的暧昧。很多男人更做不到的是，在出现问题的时候，及时澄清，并通过表达爱让对方解开心结。

很多时候，女人耍脾气使性子离家出走，并不是真的出了什么大不了的事情，她们需要的或许只是一个真诚的解释。对待自己在乎的人，一定不能这样想问题：懂我的人自然懂，不懂我的人我解释她也不会懂。正确的态度应该是：因为我在乎你，所以即使你不懂我，我也要解释给你听，一直解释到你懂为止。

最后，吴聘不断创造条件去成全周莹，因为他发现周莹具有经商的天赋，所以让她做学徒，而后让她帮助自己打点生意，一步步让周莹获得自信。真正好的爱情就是互相欣赏，对方就会在互相欣赏中感受到爱情的美好。爱情一定不是通过互相贬低，让对方失去自我。打击对方的信心也可以让对方依赖自己，但你得到的是一个傀儡，而非一个爱人。大家看看走向离婚边缘的婚姻，大多都是恶言相向，对方从彼此的关系中得不到欣赏，从而觉得在感情里找不到自己，生无可恋。

在把周莹的卖身契拿到手后，吴聘说：以后无论我去哪儿，都把你带着，我们一起把吴家东院做到陕西第一，天下第一。你注意人家说的是“我们”，而不是：以后无论我去哪儿，我都把你带着，我一定会把吴家东院做到陕西第一，天下第一。我人生的辉煌里，都会有你的位置，这是何等的胸怀，又是何等的爱。

所以你们看，爱一个人不是傻乎乎地就知道爱。爱更多是尊重，是包容，也是成就对方。如果你做不到这三点，那么你的爱，从本质上来说是很廉价的，因为每个人都可以这么爱她。

一个人品位的最直接体现，
就是他的爱人。
因为她的气质和自信，
皆来自你的成全。

要回自己靠窗的位置

我自认为是一个泪点非常高的人，但《神秘巨星》这部电影还是让我在影院里哭成了狗。这部电影是印度的“国民影帝”阿米尔汗的新片，我觉得能称得上“国民影帝”的有两个人，一个是韩国的宋康昊，另一个就是阿米尔汗。两个人不仅是电影演员，还是价值观的输出者，每一部电影都是他们担当社会的见证。

《神秘巨星》这部电影刚开始非常类似真人版的《寻梦环游记》：一个14岁的小姑娘为了梦想而唱歌，但父亲不允许她因为唱歌而荒废学业。看到开头就能猜到结尾，她肯定通过自己的努力和跟家人的对抗，最终取得了成功。如果你也这样猜的话，只能说你猜中了开头，没有猜中结尾。

这个叫尹希娅的小姑娘有一位非常懦弱的母亲：如果做饭没有放盐会被喜欢家暴的老公呵斥羞辱一番；如果没经过同意就卖掉自己的东西，立刻就被老公拳打脚踢，然后鼻青脸肿地躺在地上不敢声张；老公说搬家就搬家，老公说把女儿的吉他砸了就砸了，她唯一能做的就是在自己挨打的时候，让女儿带着儿子躲回卧室。这些场景都非常恐怖，客厅里是父亲殴打母亲的惨叫声，孩子们躲在卧室里，只敢偷偷打开门看着，而不敢有任何反抗。

这位母亲一无是处，她只喜欢念叨一句口头语：Sorry（对不起）~

所以，在这样的家庭氛围之下，尹希娅的性格也非常怪异，遇到事情立刻就大发脾气，丝毫不能自控。她非常希望母亲和父亲离婚，其实孩子什么都懂，很多夫妻不离婚的理由就是为了孩子。但是在孩子眼中，与其生活在一个毫无安全感和温暖的家庭，还不如在单亲家庭成长得更快乐。但是，尹希娅的母亲永远有一个借口：离开了你父亲，我们怎么活？

当你抱着这样的想法时，你就输了，因为你输不起。

而尹希娅的想法是：不试试，你怎么知道？

于是，她瞒着父母坐飞机去录音电影歌曲。在飞机上，因为一个男人占了她的位置，她非要要回来，那位男人最后屈服了。坐在自己位置上的尹希娅微笑着，这或许是她人生中第一次在跟男人的对抗中获得胜利。

人生处处充满了挑战，如果你只会懦弱地忍让，那么你什么位置都没有。尹希娅的歌曲大受欢迎，人生迎来转机，但是母亲的懦弱再度升级，让尹希娅服从父亲的一切安排，全家搬去沙特并且嫁给父亲指定的一个男人。从这里可以窥见印度女人地位之卑微，虽然中国已经改善很多，但依然处处残留着这样的影子，而女人们无时无刻不生活在这些枷锁之中。比如：你穿的少，被骚扰是活该；男人出轨就可以被原谅，而女人出轨就活该被满大街脱光了示众。更有甚者还有女德班，毫无廉耻地让女人学习三从四德，回到唯唯诺诺的位置上去。

母亲一再告诉尹希娅：你就是另外一个我，女人就是这样。在母亲的影响下，尹希娅慢慢放弃了抵抗，放弃了梦想，放弃了自己喜欢的男孩，跟随父亲搬到沙特去老老实实地嫁给一个陌生人。但是父亲还觉得不够，在机场托运行李的时候，因为多了一件行李要多交托运费，他立刻就命令女儿把吉他扔掉。

这时，尹希娅的母亲再也无法忍受，因为那是女儿唯一的梦想。长久以来，她为了孩子一直忍受，但让女儿把仅存的梦想丢进垃圾桶，她再也无法选择沉默，带着儿子和女儿扬长而去。很多人可能觉得，这里这位母亲转变得非常突然。其实，每个隐忍的人都有一个临界点，如果你连这个底线都要突破，那么他们会跟你拼个鱼死网破。

离开了机场的一家三口来到了颁奖盛典，这时故事开始出现逆转。尹希娅作为大受欢迎的歌星上台发言，她勇敢地脱掉了罩在自己身上的黑色衣服，也撕开了自己的黑色面纱。她也明白了，母亲为自己付出一切，母亲才是真正的神秘巨星。她在台上对母亲的感恩之情，让人泪流满面。这就是阿米尔汗电影的高超之处，从来不刻意煽情，但又总是戳中你的泪点。

每个人都应该有属于自己的位置，不仅是坐飞机，生活中的时时处处都应该有自己的位置，因为这关乎着你的尊严。如果你一再忍让，那么你的一切都将会被剥夺。而电影也在残酷地告诉我们，如果你没有经济地位，就会承受无穷无尽的羞辱，就要眼睁睁地看着那些禽兽，比如尹希娅的父亲，用指甲刀一根一根挑断你的吉他弦。而你只能咬着牙，满眼泪水，站在一旁无能为力。

我听说过很多家庭暴力的案例，我希望每一个遭遇家庭暴力的人都勇敢起来，因为你的懦弱和忍让，只会让对方变本加厉，同时让孩子的性格扭曲。不要以为离开了对方你就没法活，哪怕做着再卑微的工作谋生，也比尊严被随意践踏来得高贵。

每一个人在这个世界都有自己的位置，
如果你不夺回来，
你就只配被贱人们践踏。

一旦不要脸，世界就别有洞天

许知远因为跟马东做了一期节目突然火了，马东是一个智商、情商都很高的人，这种人你几乎不可能找到他的弱点。你就是找到了他的弱点，他也会哈哈一笑：你对了。你就会觉得白忙活半天，这让人很有挫败感。我遇到很多马东之类的人，他们不会把自己供起来，因为把自己供起来最大的问题就是，因为你爱惜自己的羽毛，所以他人就会攻击你在乎的地方，让你无所适从，进而导致你气急败坏。

马东把自己的姿态放得很低：我就是一个俗人，我就是一个商人，我就是服务于95%庸俗大众的人；你们高雅，你们愿意为那5%的精英服务，你们就去做，我不掺和这档子事儿。这样一表态，你就难为不了他了。你所有把他带入精英语境的企图，你所有希望他要追求上进的企图，都会失效。

这个道理就好比，你总想拿道德来约束一个人，但如果这个人见了你就说：我这个人啊，是个道德败坏的人，你千万不要把我当一个好人。你说你还怎么聊？我这几年接触的很多名人，其实都是这么聊天的。我觉得他们很高明，把你对他的道德期待主动降得很低。如果你后来发现他有一点闪光点，你就很惊喜：哇，原来你还是一个不错的人。

但如果这事反过来就麻烦了，你把自己摆得位置很高，别人对你充满了期待，你只要有一点点疏漏，别人就会说：瞧，这是一个道德败坏的人。加之你爱惜自己道德的羽毛，这简直就是雪上加霜。

一旦你不要脸，世界就别有洞天。
一个人一旦把自己的姿态放低，这世界就会很有趣。

马东的智商也绝对不低，在谈到文化问题的时候，他当然也知道文化肯定有高低之分，看《花花公子》和看莎士比亚的书的人当然是有区别的。但对大部分人来说，没必要区别这个。因为如果大家都是看莎士比亚的书的人，娱乐节目给谁看去？况且，这世界就不可能所有人都欣赏得来所谓的高级文化。

不同层次的人欣赏不同的文化或娱乐节目，没必要痛心疾首，你欣赏不来就不欣赏，但也不用剥夺别人欣赏所谓低俗文化的权利。

不过，每个人都应该在力所能及的情况下，去追求自己能欣赏的高层次文化。因为如果只在低层次上打转，你就无法提升自己的知识结构和文化品位。

这么说吧，马东是一个外表很低俗，内心很孤傲的人，只是他不会把自己的孤傲轻易表现出来。一旦表现出来，他就把自己挂起来了，就会让自己跟自己做的事情拧巴。说完马东，我们再说许知远。

有人说，许知远是一个中西名人名言的中介商。这个没错，因为所有文化人，都是中介商，有人中介中西，有人中介古今。只不过水平低的把名人名言直接中介给你，水平高点的咀嚼过后中介给你。因为文化发展到今天，不管哲学还是文学，貌似都已经止步不前了。该思辨的问题都已思辨过了，除非有重大突破，人类伦理发生了变化，比如人工智能在大部分领域取代人类，否则进步不会太大。不仅今天进步不大，就是纵观人类历史三千年，这进步都不是很大。

在这点上苛责许知远，意义也不大。

许知远也承认自己是中介商，而且还乐此不疲呢。刘瑜曾经问许知远：你的作品里那么多名人名言我怎么都没读过呢？许知远说：很简单，你去英国买一本类似于《英国文学评论》的书，里面都是新书的简要介绍，你直接摘抄里面的句子就好了。

跟马东相反，许知远真正的问题，是需要接触点人间烟火。许知远内心孤傲，表现出来的也是孤傲。孤傲没什么不好，但如果跟人接触时也如此，就会让人如坐针毡，因为不是每个人都有耐心坐在你面前欣赏你的孤傲。所以许知远的孤傲跟所有被他访谈的嘉宾，都起了冲突。因为每个嘉宾都是孤傲的，只不过大家把孤傲放在心里，许知远不仅放在心里，还挂在嘴上。

所以，这世界大致有这么几种人。

一种是内心孤傲，外表谦和，此为谦谦君子，比如马东。

一种是内心庸俗，外表谦和，此为伪君子，比如岳不群。

一种是内心孤傲，外表也孤傲，此为孤独的狂人，比如许知远。

一种是内心庸俗，外表孤傲，这不是傻吗？

第十八部分

懂自由

往大处拼搏，

往小处生活。

你有一个别人无法剥夺的自由

读过心理学的大约都知道那个经典的斯坦福监狱实验：1971年夏天，斯坦福大学的心理学教授菲利·普津巴多和同事在大学地下室搭建了一个模拟监狱，并且征集了24名心智正常的志愿者来参与一个实验。这个实验就是把这24个人随机分成两组，12人做警察，12人做囚犯，完全模拟监狱的环境，这个实验只坚持了六天就中止了。

原因在于：扮演警察的看守开始越来越喜欢使用暴力手段，一有机会就会虐待囚犯，并且慢慢地有习以为常的倾向；而扮演囚犯的参与者也越来越像囚犯，具体表现在失去反抗意识，并且对自己遭受的虐待开始忍受。这个实验中的所有人，都深深陷入了自己所扮演的角色中无法自拔，不管是施虐者还是受虐者，甚至主持实验的心理学教授也陷入其中，陷在维持监狱秩序的角色里无法自拔。

这个实验被中止是因为哈佛大学的一个教授前来参观，看到犯人遭受的虐待，感到非常震惊，在她的强烈抗议下，实验中止。值得深思的是，这些扮演者都是非常正常的人，平时也都具有强烈的道德意识，也都受过高等教育，但是当进入一个环境并扮演某个角色的时候，他们就慢慢拥有了角色所赋予的意识，而自己浑然不觉得有什么不妥。

我们在生活中遇到过很多类似的情形，比如警察，比如城管，比如所有掌握了某种权力的人。其实，不穿着制服在日常生活中，他们都是普通的不能再普通的人。他们看着孩子也会目露慈爱，看见小动物也会心生怜悯，但当他们进入自己的职业角色的时候，就会完全变成另一个样子。

我们每一个人，在这场世界的大戏里，扮演着各种角色，也被困于各种角色。时间久了，便失去了自由，认为一切都是理所应当的。所以我们的口头语大多也都是：我也没办法啊，当时那个情况我能有什么选择呢，我也不想这样，但我就是做这个的，有什么办法呢……

作家阿伦特在她的著作《人的境况》中写道：人类不可能获得自由，除非他知道自己是受制于必然性的，因为把自己从必然性解放出来的努力虽然不可能是完全成功的，但正是在这个过程中，他赢得了自由。

这段话非常深刻：一方面，这世界上有很多必然性，这些必然性包括环境，包括制度，包括角色要求等，每个人的行为都离不开这些必然性的制约；另一方面，一个人之所是人，是因为他有反思的能力，在反思中知道自己的限制，并通过努力来试图摆脱这些限制，那么在这个摆脱的过程中，他就有了自由，这个自由就是跟必然性斗争的自由。

比如《窃听风暴》这部电影里的特工戈德·维斯勒（Gerd Wiesler），他身为秘密警察，负责监视剧作家德莱曼（Dreyman）。他的角色要求的职责是，必须冷酷，比如跟所有对政权有威胁的人斗争。但在监听的过程中，他良心发现，开始通过篡改监听记录等方法帮助德莱曼逃脱迫害。最终，他被上司降职，到地下室做拆信员。在柏林墙被推倒后，他仍旧生活在社会底层，做一个投递免费广告的送报员。

电影的结局非常温暖，剧作家德莱曼知晓了背后保护自己的特工，于是写了一本书——《一个好人的鸣奏曲》，专门献给他。

这个特工为什么要这么做，当然他有很多理由，比如在监听的过程中开始良知觉醒，看到高管们的肮脏腐败而产生厌恶感，对德莱曼太太的爱慕……但不管基于何种理由，他开始跟自己的秘密警察身份所赋予的“必然性”对抗。虽然最终他也成了牺牲品，但在这个过程中，他感受到了自由的快乐。这份自由就是我可以选择的方式，而不是这个角色赋予我的。

德国著名哲学家康德在墓志铭里写道：“有两种东西，我对它们的思考越是深沉和持久，它们在我心灵中唤起的惊奇和敬畏就会越历久弥新，一个是我们头上浩瀚的星空，另一个就是我们心中的道德律。它们向我印证，上帝在我头顶，亦在我心中。”这段话里的星空代表了事物或者规律的必然性，但我们依然可以让道德律来指导自己的行为，跟星空来一场斗争。

如何展开这场斗争呢？

康德找到了三个原则。一是我们所做的事情，应该基于良知的呼唤，要符合普遍性。也就是我当下做的事情，是否在任何情况下都能经得起考验。

二是我们所做的事情，要始终把人当作目的，而不是手段。我们帮人就是帮人，并不是通过帮人要达到什么目的。眼前这个需要帮助的人，就是目的。

三是做任何事情听从理性，而非欲望。在欲望和冲动到来的时候，提醒自己冷静一下，分析一下，而不只是被欲望所带来的情绪控制。

《窃听风暴》里的特工获得了自由，是因为他找到了良知，把剧作家夫妇当作帮助的目的，摆脱了秘密警察的身份，冷静地去分析眼前发生的事情。那么，你呢？

如果你是个城管，面对需要营生的人，职责赋予你的是去驱逐他们。那么，在跑的时候，是否可以慢一步？

如果你是交警，在面对怀抱孩子的人时，是否可以首先顾忌孩子的安全，而后再强制执行？

如果你是易怒的人，当你觉得自己忍无可忍的时候，是否可以摆脱情绪所导致的必然爆发，改成一种理性的表达？

如果你是一个普通人，当你觉得自己的生活逐渐开始进入必然的时候，什么时候结婚，什么时候该生孩子，什么时候开始考虑买房子……你是否可以说：不，我不接受这种所谓必然性的安排。

在社会上生存，
有颇多的无奈。
因为规则，
因为角色。
但在看似无可选择的背后，
你身为一个人，
就永远拥有一个自由，
那就是，
你跟所谓无可选择这件事的斗争。

你不出格，怎么出色

遇到很多人，每天蝇营狗苟地生活，却幻想着未来会有一个与众不同的人生，这份勇气着实让我佩服。重复不会引发质变，只是时间上的叠加罢了。能引发质变的量变，必须是不断精进的量变。稍微想一下就知道，你睡了这么多年的觉，也没有变成睡神啊。

不要相信什么10000小时原则，不要以为自己只要仅凭熬这个动作就可以成就不凡。对待这事儿的正确的态度是，每一个小时都要思考着如何跟前一个小时有所不同，没有反思的累积，没有任何意义。只是简单的重复，任何一只猪都可以轻松做到。

我讲课已经讲了14年，超过1000天。其实坦白说，每堂课我凭惯性就可以讲完，每个地方说哪个词，发哪个音，做什么动作，基本上不经过大脑就可以做到。但是我一直秉持一个理念：宛若初现。就是每一次都当作第一次来讲，这样你才能获得工作的乐趣。所以我每次讲课，都会融入最新的读书思考、最新的案例体验、最新的技术引导。

这事儿跟每个人的工作都是一个道理，哪怕你就是做一个前台，也必须思考，假如我是第一天上班，该如何面对今天的工作？如果你是这样的心态，就能发现无数可以改进的地方，比如文件的摆放是不是可以更有规律，跟人打招呼是不是可以更热情。没有任何一件事，是无法改进的。

你转发多少干货到朋友圈都没用，因为你只是一个资料搜集器。你读了多少本书都没用，因为任何一部电脑的存储容量都超过你。如果你不能从中去思考并让自己改进提升，就只是无聊的重复罢了。

如果你觉得在某个地方再也无法改进，就开始尝试跨界。

通常来说，跨界就是把自己的某一个经验带入到另一个领域，这时候可能会产生一种奇特的竞争力。比如你是学会计的，跨界到营销领域，就会对客户的预算有一种天然的敏感。跨界的逻辑是，让自己的专业在另一个领域具有创新的应用。所以通常来说，要遵循蜘蛛网法则。嗯，这个法则是我乱编的。意思就是，在专业的基础上去延展，而非莫名其妙地乱跳。

那么，如何延展呢？先在公司内部看看有无轮岗的机会，因为这样你会很清楚自己的优势如何在另一个职位上创新。如果你每天想：如果我做他那件事，肯定不会像他那样。那么，这样的职位你就可以优先考虑。如果公司内部没有，就抬头看看本行业内有没有。如果本行业内没有，就看看行业的上下游有没有。

我不仅鼓励你在工作上改进或跨界，也鼓励你走出自己的安全领地，去发现生活的奇妙之处。比如回家的路上改变个路线，看看有没有自己从来没有留意过的风景。任何我们引以为傲的资本，其实都是我们的障碍。人生如此短暂，就是来折腾的，如果你的生活只是日复一日的重复，那你只过一天就得了。这道理如此简单，却总是被庸庸碌碌的生活所掩盖。

如果你遇到一件有挑战的事情，那就放手去做。任何你觉得有挑战的事情，都会有助于你的成长，事后你所获得的经验积累，会远远超过按部就班的生活所带给你的。山本耀司有句话说得甚好：自己，这个东西是看不见的，撞上一些别的什么，反弹回来，才会了解自己。所以，只有跟很强的东西、可怕的东西、水准很高的东西相碰撞，才会知道自己是什么，这才是自我。

简而言之，你在挑战自己的时候，知道了自己的段位，而后你才能从目前的段位向更高的地方进化。

你按部就班，
从不出格，
怎会出色？

跟过去做个了断吧

每个人在成长的路上，都会有犯傻的时刻，这是毋庸置疑的。回忆起来的时候，会让人焦虑、纠结，会让人从丹田里泛起一团热气，然后缓缓向上，去灼烧自己的五脏六腑。走不出来的人，就会脸色暗淡，印堂发黑，走路畏畏缩缩，一副萎靡不振的形态。

我觉得，每个人都应该定期跟自己的过去做个了断，《大学》云：知止而后有定，定而后能静，静而后能安，安而后能虑，虑而后能得。后面一长串的事情都起源于“知止”，就是停下来，不要背负太多的垃圾上路，走着走着把自己变成了移动的垃圾场。停下来做什么呢？回头看看在过往的路上发生过的事情，该了断的就了断，不要被它们一直牵绊。

首先要了断的是自己曾经辜负的人，比如自己没说原因就断绝来往的恋人，比如自己曾经有愧的、一直躲着不敢见的客户，比如自己答应帮忙却没有任何行动就不联系了的朋友。因为自己辜负了别人，但凡稍有良知，想起来就会自责，不管如何试图去忘记，这些事情总会在某个不经意间闪现出来，让自己无所适从。

了断此类事情的方法就是直接面对，跟辜负的人打个电话、发个短信，甚至发个朋友圈提醒对方看到都可以。很多事情，承认了，就放下了，越死扛，内心就会越对抗。自己表达完，别人接受不接受是对方的事情，我们永远无法左右别人对我们的评价，却可以追求个心安理得。

其次要了断的是那些伤害过自己的人。行走江湖每个人都会遇到敌人，除非你一点才华和个性都没有，因为没有人会去踢一只死狗。有人背后讽刺，有人人前羞辱，这些人会一直让自己耿耿于怀，因为有一百人个喜欢自己，一个人不喜欢自己，我们就总惦记这个不喜欢自己的人，人性就是这么犯贱。

跟这些人了断的方法，就是让自己成长。问问自己，当时这些人恶意对自己，自己从中得到了什么。比如：有人曾经组团黑我，让我写出了很好的关于人情世故的文章；有人故意羞辱我，让我知道只需要去服务好那些喜欢自己的人，不再在这些人身上耗费时间。一个人不被别人打败的唯一方法，就是从中得到了成长。

我一路前行，不喜欢我的人换了一茬儿又一茬儿。你且记得一点，当你跟别人差不多时，他们就很容易看不起你。当你比别人高出一大截时，他们就看不到你了。

最后要了断的是自己的失误。自己本该可以做得更好的事情，却失误频频。比如给领导做的幻灯片上出现了错别字，比如上台发言却哆哆嗦嗦地一句话都讲不出来，比如正襟危坐跟女神吃个饭，却不料一个喷嚏，导致鼻涕横流还没找到纸巾。这些事情自己每次想起来，就会很懊恼，甚至想捶胸顿足，指责自己当时怎么那么不争气。

与自己的失误了断，就要接受一个不完美的自己。这世界上只有上帝才是全知全能全善的存在，所有芸芸众生都是俗人，是俗人自然就会失误。连我这么严谨的人都会失误。有一天吃中午饭的时候，我的一个女同事关切地对我说：你要多注意身体。我说：怎么突然这么说？她说：因为你喝水太少。我问：你怎么知道我喝水少？她说：因为你一上午都没去洗手间。我奇怪地问：你怎么知道的？她一本正经地说：因为从早上到现在，你的拉链一直没拉上。这年代，很少见这么委婉的人儿了~

有人会说，接受一个不完美的自己，会不会成为不思进取的一个借口呢？对于完美与不完美之间的辩证，我是这么看的：在做任何事情之前，都要以完美的姿态去做，计较细节，力求毫无瑕疵；在做完一件事情后，因为无法再弥补，就要接受它的不完美，放自己一条生路。

不要让过去的自己，
绑架现在的自己。
不要让现在的自己，

讨厌未来的自己。
不要让未来的自己，
后悔现在的自己。
做个了断，
轻装上路。

往大处拼搏，往小处生活

今天这个时代，其实很难定义什么是安全感。你有钱就安全了？有多少钱算安全？父母妻儿一场大病就能把你打回原形，况且还不算国家日益增多的货币给你造成的收入稀释。不管在任何时代，唯一能给人带来安全感的，就是自己的赚钱能力。不管环境如何变化，经济如何动荡，在 72 亿人口里，自己一直能脱颖而出，才算有安全感。那么，如何让自己脱颖而出呢？一个人要让自己始终往大处拼搏。

一个人要往大处拼搏，就不要被思维的监狱困住。首先，要去你想进入的行业最领先的城市，因为那里有最好的技术积累，和同行可以交流。这就是很多人为什么会选择进名校的原因，为的是有氛围的熏陶。比如：你要进入文化圈，还真是要往北京跑；如果你要进入麻将圈，还真是要往成都跑。

其次，力所能及地进入本行业最优秀的企业。比如很多银行业的朋友，都知道银行业是一个竞争日益激烈的行业，未来十年随着科技的发展，至少一半的人都会面临失业的危险。这主要是由于移动支付的兴起，在这方面最领先的当然是蚂蚁金服。所以宁愿进这类领军的企业，也不要去混日子的公司耗费青春。这个时代已经变了，不要再想着宁做鸡头不做凤尾。今天这个时代是赢家通吃，宁愿跟着凤凰涅槃，也不要跟着鸡下蛋。

最后，积极结交本行业、本专业的人际关系。结交不是单纯的人际交往，更重要的是要了解最新的行业动态。所以适当参加一些行业协会，或者专业交流沙龙非常必要。曹丕懂得拉拢司马懿，司马懿懂得拉拢邓艾，刘备知道三顾诸葛亮，都是一个道理。物以类聚，人以群分。

世界很大，不要动不动就困住自己。任何你引以为傲的东西，都可能是束缚你前行的枷锁。离开一个人，你就会发现世界上有几亿人等着你爱。离开一家公司，你会就发现无数的机会摆在你面前。离开一座城市，你就会发现更多的生活体验。两点一线，很难说一个人就真正活过。勇敢前行，不念过往，不困眼前，温暖向善。

一个人在事业上往大处拼搏，才能真正为自己赢得安全感，因为自己永远在成长。但同时，亦不要在生活上迷失了自己，每天目光炯炯而忽略了小生活的乐趣。所以，我的标题才一分为二——在事业上往大处拼搏，同时要往小处生活。

往小处生活的意思就是，不要忘记生活的多样性，比如欣赏一下花花草草，陪老婆孩子到处走走，闲下来搞搞摄影艺术，欣赏一下音乐、电影、歌剧，三五知己喝点小酒、吹点牛。这样才能始终提醒自己是个人，而不是一个赚钱机器。

往小处生活有几个理念。首先，不要忽略自己的身体，每天一定要留出固定的时间来锻炼。没生过病的人很难理解健康的重要性。当你躺在病床上，各种仪器一接的那一刻，你的所有所谓奋斗都灰飞烟灭，你会感觉到一种强烈的无力感。这种无力感会让你极度恐慌，这辈子就这么玩儿完了？重视自己的健康，最主要的目的，不是活得久，而是走得顺。

其次，养成读书的习惯。读书不一定那么功利地要得到什么，而是让自己能够从更多的角度去思考和观察生活。一本书，几十块钱，就可以跟作者一生的思考做个交流，这世间没有这么便宜的事情了。不要去听别人讲书，那是被动的。要自己去阅读，这才是主动的。读书，让思维保持活跃，而不是每天只活成账号里的数字。

最后，保持对生活的热爱。一个人对生活的热爱来自两个方面：一是家人、朋友的感情慰藉，二是对自己爱好的追求。家人、朋友带来的是外在的责任感，责任给自己赋能。爱好带来的是内在的满足感，让自己得到内心的宁静。但凡取得巨大成就的人，都是对生活充满热爱的人，每天睁开眼都会说：欧耶。

人生有两个方向：一个方向是往大处拼搏，保持对事业的激情；一个方向是往小处生活，保持做人的温度。